吉林财经大学资助出版图书

顶点覆盖问题的求解算法研究

李睿智 著

科学出版社

北京

内 容 简 介

顶点覆盖问题是经典的组合优化问题，在交通规划、设施选址等多个领域有着重要的应用。其关键性子问题如最小加权顶点覆盖问题、泛化顶点覆盖问题和最小分区顶点覆盖问题有着更广泛的应用领域。在实际应用中，顶点覆盖子问题所需要处理的问题规模往往较大，使用精确求解方法很难进行有效求解。因此，本书对最小加权顶点覆盖问题、泛化顶点覆盖问题和最小分区顶点覆盖问题的高效启发式搜索算法进行研究。针对最小加权顶点覆盖问题，提出约简规则和自适应顶点删除策略的局部搜索算法；针对泛化顶点覆盖问题，提出基于进化搜索和迭代邻域搜索的模因算法；针对最小分区顶点覆盖问题，提出模拟退火算法和随机局部搜索算法。并且，在各自的标准实例上对所提出算法的有效性和高效性进行测试。

本书可供计算机科学、运筹学、管理科学、系统工程等相关专业的高校师生、科研人员和工程技术人员阅读参考。

图书在版编目（CIP）数据

顶点覆盖问题的求解算法研究 / 李睿智著. —北京：科学出版社，2022.7
ISBN 978-7-03-072406-9

Ⅰ. ①顶… Ⅱ. ①李… Ⅲ. ①计算机算法－研究 Ⅳ. ①TP301.6

中国版本图书馆 CIP 数据核字（2022）第 092494 号

责任编辑：杨慎欣 常友丽 / 责任校对：樊雅琼
责任印制：吴兆东 / 封面设计：无极书装

科 学 出 版 社 出版
北京东黄城根北街 16 号
邮政编码：100717
http://www.sciencep.com

北京九州迅驰传媒文化有限公司 印刷
科学出版社发行 各地新华书店经销
*
2022 年 7 月第 一 版 开本：720×1000 1/16
2023 年 1 月第二次印刷 印张：8 1/4
字数：166 000
定价：88.00 元
（如有印装质量问题，我社负责调换）

前　　言

　　顶点覆盖问题是经典的组合优化问题，被广泛应用于不同的领域。近年来，其关键性子问题研究主要集中在最小顶点覆盖问题、最小加权顶点覆盖问题、泛化顶点覆盖问题和最小分区顶点覆盖问题，它们具有非常重要的研究意义和广泛的应用领域。其中最小顶点覆盖问题的研究相对成熟，因此本书将围绕其他三个顶点覆盖子问题展开研究，旨在为不同子问题设计相应的高效求解方法。

　　求解顶点覆盖子问题的算法主要包括精确算法和启发式算法。精确算法能够求出问题的最优解，但是随着问题规模逐渐增大，求解这些问题最优解所需的计算量与存储空间呈指数增长，会带来所谓的"组合爆炸"现象，使得在现有的计算能力下，使用精确算法求得最优解几乎变得不可能。在这种情况下，一些启发式算法应运而生，如局部搜索算法、模拟退火算法等。启发式算法可以在合理的时间内找到近似最优解或最优解。然而在实际应用中，顶点覆盖子问题所需要处理的问题规模往往较大，此时使用精确算法很难进行有效求解。因此，本书对最小加权顶点覆盖问题、泛化顶点覆盖问题和最小分区顶点覆盖问题的高效启发式搜索算法进行研究。主要的研究工作和成果如下。

　　（1）提出基于约简规则和自适应顶点删除策略的局部搜索算法（NuMWVC算法）求解最小加权顶点覆盖问题。在 NuMWVC 算法中，利用约简规则对问题实例进行约简，减小问题规模以生成高质量的初始解；带有特赦准则的格局检测策略是对原始格局检测策略的改进，可有效避免局部搜索中的循环问题且不遗漏高质量的候选解；自适应顶点删除策略使得删除顶点个数随着搜索的进行不断改变，使得算法可以快速找到质量较高的候选解。我们在标准基准测试用例、超大规模测试用例和实际问题（地图标注问题）实例上测试了 NuMWVC 算法，实验结果表明该算法优于现有算法。

　　（2）提出一种基于进化搜索和迭代邻域搜索的模因算法（MAGVCP）求解泛化顶点覆盖问题。在 MAGVCP 中，利用随机和贪心这两种模式生成高质量和多样性的初始种群；利用基于共同元素的交叉算子进行交叉操作，以保证父代中相同基因复制到后代中，寻找更有希望的候选解；利用基于最佳选择的迭代邻域搜索，在每次迭代中从候选解邻居集中寻找一个最好的邻居解来替代当前的候选解。我们在随机实例和 DIMACS 实例上测试了 MAGVCP。实验结果表明，MAGVCP可以在所有随机实例上找到等于或优于现有的最优解。在大多数 DIMACS 实例上，MAGVCP 可以找到等于或优于现有的最优解，只有少数实例上无法找到现有最优解。

（3）提出模拟退火算法（SA 算法）和随机局部搜索算法（P-VCSLS 算法）求解最小分区顶点覆盖问题。在 P-VCSLS 算法中，在搜索陷入局部最优时，更新边的权重，从而改变顶点的分数，使得算法能够跳出局部最优并向更优的方向进行搜索；采用两阶段交换策略来实现顶点对的交换，降低算法的时间复杂度；利用格局检测策略有效地避免循环搜索，减少时间的浪费，从而提高算法的效率。文献调研显示，目前没有实践类算法求解最小分区顶点覆盖问题的相关文献，因此本书仅将模拟退火算法作为基准算法与随机局部搜索算法进行对比。通过在 DIMACS 实例上不同覆盖率的对比，我们得出对于不同的覆盖率，随机局部搜索算法在绝大多数情况下得到的结果都要优于模拟退火算法。

借本书出版之际，感谢东北师范大学殷明浩教授、吉林大学欧阳丹彤教授在本书写作过程中给予的悉心指导和帮助，使得本书得以顺利完成；感谢家人在我完成书稿过程中给予的精神鼓励，为我完成本书提供了不竭的动力。

本书是作者主持的国家自然科学基金青年项目"最小加权顶点覆盖问题的求解算法研究"（项目号：61806082）、吉林省自然科学基金自由探索一般项目"超大规模泛化顶点覆盖问题的并行局部搜索算法研究"（项目号：YDZJ202201ZYTS413）、吉林省科学技术协会项目"第五批吉林省青年科技人才托举工程"（项目号：QT202112）、吉林省教育厅重点项目"泛化顶点覆盖问题的启发式搜索算法研究"（项目号：JJKH20220154KJ）、吉林省教育厅产学研和教育部产学研项目"新工科背景下大数据教学实践平台建设"、吉林省教育科学规划一般课题"数据科学与大数据技术专业人才培养模式改革与实践研究"（项目号：GH21185）、吉林省高教科研一般课题"基于慕课的《C 语言程序设计》翻转课堂教学模式研究"（项目号：JGJX2021D314）的重要学术研究成果。本书的出版得到吉林财经大学的资助，在此一并表示感谢。

由于作者水平有限，书中难免会存在疏漏之处。如果读者在阅读过程中发现问题，请发送电子邮件至 lirz111@jlufe.edu.cn，作者会及时给予回复。

作　者

2021 年 5 月

目　　录

第1章 绪　　论

顶点覆盖问题是著名的组合优化问题（combinatorial optimization problem），具有重要的理论研究意义和实际应用价值。本书围绕顶点覆盖中几个关键子问题，即最小加权顶点覆盖（minimum weighted vertex cover, MWVC）问题、泛化顶点覆盖（generalized vertex cover, GVC）问题和最小分区顶点覆盖（minimum partition vertex cover, P-MVC）问题的求解算法展开研究。在本章中，首先介绍本书的研究背景和意义，然后介绍相关问题的国内外研究现状，随后介绍本书的主要研究内容和贡献，最后概要地呈现本书的结构安排。

1.1　研究背景和意义

组合优化是计算机科学与运筹学的一个重要分支，它通过对数学方法的研究去寻找离散事件的最优分组、编排、筛选或次序等，其目标是在问题的可行解集合中寻找最优解。组合优化问题属于最优化问题的一类。一般来说，最优化问题被分为两类：一类是连续变量的问题，另一类是离散变量的问题。其中具有离散变量的优化问题又被称为组合优化问题，组合优化问题一般是在有限集合中寻找一个对象，较典型的是一个整数、一个集合、一个排列或者一个图，使这个对象成为满足给定约束条件的最优解[1]。组合优化问题所研究的问题涉及众多领域，例如信息技术、交通运输、通信网络、经济管理、航天航空等[2-4]。接下来给出组合优化问题的形式化定义。

定义 1.1：（组合优化问题）给定一个组合优化问题实例 (S, X, f)，其中 $X = (x_1, x_2, \cdots, x_n)$ 表示问题的解空间，$S \subseteq X$ 表示问题的可行解空间，f 为问题的目标函数，$f(x_i)$ 表示解 x_i 对应的目标函数值，组合优化问题要在满足给定的约束条件下找到目标函数的最优值（最大值或者最小值），即寻找一个可行解 $x^* \in S$，

使得 $\forall x_i \in S$, $f(x^*) \geqslant f(x_i)$ 或 $f(x^*) \leqslant f(x_i)$。

组合优化问题的变量是离散的,导致其数学模型中的约束函数和目标函数在可行域中也是离散的。现实世界中的很多问题本质上是离散事件而不是连续事件,因此很多问题都可以归结为组合优化问题,例如旅行商问题[5-8]、背包问题[9-11]和图着色问题[12-15]等。这些问题在理论上大多属于 NP 难问题,求解此类问题的算法主要分为两类:精确算法和启发式算法。精确算法通过枚举搜索空间中的所有可行解来寻找最优解,这样可以保证解的最优性,经典的精确算法主要有动态规划法[16]、分支限界法[17]和割平面法[18]。但是随着问题规模的增大,计算所需时间会呈指数增长,精确算法对问题的求解就变得越来越困难,当问题规模增大到一定程度时,精确算法对问题的求解几乎变得不可能。而现实生活中的问题通常规模很大,为了在合理时间内给出问题的最优解或次优解,启发式算法应运而生。常见的启发式算法有局部搜索算法[19]、松弛方法[20]、禁忌搜索算法[21]和进化算法[22]等。

本书研究的顶点覆盖问题是经典的组合优化问题,其关键子问题,即最小顶点覆盖问题、最小加权顶点覆盖问题、泛化顶点覆盖问题和最小分区顶点覆盖问题在现实世界中都有着广泛的应用。

最小顶点覆盖问题是在一个无向图中寻找具有最小基数的顶点子集,使得图中每条边至少有一个端点在该顶点子集中。下面阐述最小顶点覆盖问题的几个代表性应用。

(1)计划在城市交通路口安装监视设备,对每条道路的交通流量进行实时监控。决策者希望选择某些路口,并在这些路口安装监视设备来监视该城市的每条道路,使得总的监视设备数最少[23]。很容易看出,城市的路口与道路可表示成一个无向图,各个路口表示无向图中的顶点,每条道路表示无向图中的一条边,那么该问题就可以用最小顶点覆盖问题来描述。

(2)在网络中的节点上安装控制器,实现对每条链接上数据的监控。决策者希望选择某些节点来安装控制器,使得控制器的数量最少[24]。在该问题中,网络可以看成一个无向图,其中顶点表示网络的节点,边表示网络中的链接,此问题就可以建模为最小顶点覆盖问题。

最小加权顶点覆盖问题是最小顶点覆盖问题的扩展，该问题是在一个顶点加权图中寻找一个顶点覆盖，使得该覆盖中顶点的权重和最小。该问题的具体应用如下。

（1）同样是计划在城市交通路口安装监视设备，决策者已知在每个路口安装监视设备的成本及运营和维护的费用，决策者希望选择某些路口，并在这些路口安装监视设备来监视该城市的每条道路，使得总的安装成本与运营和维护的费用最少[23]。此时路口监视设备的成本、运营和维护的费用等表示图中顶点的权值，那么，如果用最小顶点覆盖问题来描述该问题，只能求得最少监视设备的个数，而不能保证安装成本与运营和维护的费用最少。上述问题可以用最小加权顶点覆盖问题来描述。

（2）地图标注问题是在地图中标记地理位置和兴趣点以供用户使用，地图标记涉及地图中标签的选择和放置，其中一个限制是两个标签不应该相互重叠。消除标签冲突和最大化显示标签重要性的问题可以建模为最大加权独立集问题，它等价于寻找一个具有最小权值的顶点覆盖[25]。具体地说，每个标签都可以被看作是一个顶点，每个顶点根据它的重要性被分配一个权值，如果两个顶点相互重叠，那么它们之间就会有一条边。

泛化顶点覆盖问题也是最小顶点覆盖问题的扩展问题，给定一个无向图 $G = (V_t, E_g)$，其中每个顶点 v 对应一个权值 $c(v)$，每条边 e 对应三个权值 $w_i(e)(i = 0,1,2)$ 分别表示有 i 个端点在候选解中的边权值，目标是找到一个顶点子集使得顶点权重和以及边的权重和最小。该问题的具体应用如下。

（1）网络升级问题中，已知一个无向图，每个顶点 $v \in V_t$ 的升级成本是 $c(v)$，对于每条边 $e \in E_g$，$w_i(e)$ 表示边 e 的升级成本，其中 i 表示边 e 有几个端点升级，其目标是找一个升级的顶点子集，使得升级的顶点和边的成本最小[26]。该问题可以表示为泛化顶点覆盖问题，其中升级顶点表示候选解中的顶点，未升级的点表示未在候选解中的顶点。

（2）预算受限的网络升级问题是泛化顶点覆盖问题的一个应用扩展，已知一个无向图，每个顶点 $v \in V_t$ 的升级成本是 $c(v)$，目标是找最小花费的升级顶点子集，满足从网络中获得的最小生成树的权重和小于一个已知的阈值[27]。

最小分区顶点覆盖问题是将无向图中的边划分为若干个不相交的分区，目标是找到一个顶点子集，使得该子集至少覆盖每个分区中确定的边数。当分区的个数为 1 时，最小分区顶点覆盖问题规约为最小部分顶点覆盖问题，因此最小分区顶点覆盖有着更广泛的应用。下面我们给出了最小部分顶点覆盖问题的具体应用。

（1）传统上，在研究设施选址问题时，假设所有的客户都将得到服务。这个问题的一个重大缺点是，一些非常遥远的客户，称为离群值，可能很大程度上使得最终的解决方案无法实施。可以将各种设施选址问题（k 中心、k 中值、无能力设施选址等）推广到只为特定比例的客户提供服务，此时该问题就可以建模为最小部分顶点覆盖问题[28]。

（2）在各种系统中，图常常被用来建模风险管理。特别地，Caskurlu 等在文献[29]中考虑了一个系统，其本质上代表了一个三边图。此模型的目标是将系统中的风险降低到预定义的风险阈值水平以下。该风险管理系统的主要目标可以表述为二部图上的部分顶点覆盖问题[30]。

1.2　相关研究工作

顶点覆盖问题的几个关键子问题，如最小顶点覆盖问题、最小加权顶点覆盖问题、泛化顶点覆盖问题和最小分区顶点覆盖问题都是 NP 难组合优化问题。这些问题不但描述很简单，而且有很强的工程代表性，但不存在一个算法能够在多项式时间内找到问题的最优解。由于"组合爆炸"的存在，随着问题规模的增大，寻找最优解的精确算法所需的时间和空间就会呈指数增长。正是这些问题的代表性和难解性激起了学者对组合优化理论及求解算法的研究兴趣。下面介绍顶点覆盖问题的几个关键子问题的国内外研究现状和相关工作。

1.2.1　最小顶点覆盖问题的研究现状

给定一个无向图，最小顶点覆盖（minimum vertex cover, MVC）问题是寻找一个含有最小基数的顶点子集使得图中每条边至少有一个端点在该顶点子集中。最小顶点覆盖问题有两个等价问题，即最大独立集（maximum independent set,

MIS）问题和最大团（maximum clique, MC）问题。MVC 问题及其等价问题不仅有重要的理论研究意义，而且在实际问题中的很多领域都有重要的应用，如网络安全、超大规模集成电路、调度问题、金融网络、生物信息学等领域[24,31-32]。MVC问题是著名的 NP 难组合优化问题，它的判定版本是 Karp 提出的 21 个 NP 完全问题之一[33]。要在多项式时间内找到近似比是 1.3606 的解是 NP 难的[34]，目前最好的最小顶点覆盖问题的近似算法才能达到 $2-o(1)$ 的近似比[35-36]。对精确算法的研究主要集中在固定参数化算法上，如文献[37]～[42]中的算法。近几年，陈吉珍等[43]根据加权分治技术设计出一个分支降阶递归算法来求解最小顶点覆盖问题，并通过加权分治技术分析得出该算法的时间复杂度为 $O(1.255^n)$。Akiba 等[44]提出了基于理论技术的分支约简算法求解最小顶点覆盖问题，Wang 等[45]提出了一种基于分支定界的精确算法求解最小顶点覆盖问题，该算法中提出了两个新的下界来帮助简化搜索空间。虽然这些研究在理论上取得了巨大的进展，但理论与实践之间仍存在着巨大的差距。因此，对于大规模的困难求解的实例，研究人员通常采用启发式算法在合理的时间内找到一个可接受的解。

近年来，很多启发式算法被提出来用于求解最小顶点覆盖问题。Khuri 等[46]提出了一种进化方法求解该问题。Chen 等[47]提出了蚁群优化算法求解最小顶点覆盖问题。Xu 等[48]提出了一种有效的模拟退火算法求解最小顶点覆盖问题。该算法为每个顶点定义了一个接受函数，这可以帮助算法找到问题的最优解或次优解。Richter 等[49]提出了一个随机局部搜索算法求解最小顶点覆盖问题，该算法命名为随机边覆盖（cover edges randomly, COVER）算法，相关论文在德国人工智能 2007年会议上发表，并成为当时竞争最佳论文的三篇论文之一。Cai 等[50]设计了求解MVC 问题的边加权局部搜索（edge weighting local search, EWLS）算法，在该算法中提出了部分顶点覆盖和边加权技术，并对于挑战实例 frb100-40 求出了更小的顶点覆盖，刷新了在该实例上自 2007 年创下的求解纪录。随后，Cai 等[51]提出了一个新的局部搜索策略，即格局检测（configuration checking, CC），用于处理局部搜索中的循环问题。Cai 等使用这个策略改进 EWLS 算法，得到一个新的算法，称为边加权格局检测（edge weighting configuration checking, EWCC）算法。Ugurlu[52]设计了一种快速启发式算法，即隔离算法（isolation algorithm, IA），用于求解最小顶点覆盖问题。Cai 等[53]提出了两个新策略——两阶段交换和带遗忘的边加权，并使用这两个策略设计了一个新的最小顶点覆盖问题局部搜索算法，该算法被称为 NuMVC。NuMVC 算法当时在大量权威数据集上的应用效果都大幅度地优于已有的启发式算法。NuMVC 可以看作是最小顶点覆盖问题启发式算法的一个突破。Fang 等[32]首次结合边加权和顶点加权策略应用于最小顶点覆盖问题中，提出了一种新的局部搜索算法点权边权局部搜索（vertex weight and edge weight based local search, VEWLS）算法。随后，Cai 等[54]将顶点加权策略与 NuMVC 算法相结合，形成了一种面向最小顶点覆盖的两种加权的局部搜索（two weighting local search for minimum vertex cover, TwMVC）算法。之后，Cai 等[55-56]又提出了一种面向最小顶点覆盖的简单快速的局部搜索算法（fast local search algorithm for minimum vertex cover, FastVC），该算法基于两种低复杂度启发式算法，并且该算法首次求解了现实生活中的大规模实例。Fan 等[57]提出了一个基于线性复杂度启发式求解（based linear-complexity-heuristic solver, Lincom）算法来求解大规模最小顶点覆盖问题实例，该算法采用了约简规则和特殊的数据结构。Ma 等[58]开发了一个名为 NoiseVC 的局部搜索算法，该算法利用堆在局部搜索阶段进行最佳选择，并提出了一种新的噪声策略与最佳选择相结合以避免局部极小。Chen 等[59]证明寻找一个图的极小顶点覆盖可以转化为寻找一个决策信息表的属性约简。同时，寻找图的最小顶点覆盖相当于寻找决策信息表的最优约简。以该理论为依据，构造了一种新的基于粗糙集的最小顶点覆盖问题求解算法。Komusiewicz 等[60]研究了在最小顶点覆盖的局部搜索算法中挖掘更大邻域的潜力。文中提出了一个时间复杂度问题 $\Delta^{O(k)} \cdot n$ 的算法来搜索 k - swap 邻域，其中 n 为图的顶点数，Δ 为最大度，并证明了通过设计额外的修剪规则来减少搜索空间的大小，可以实现该算法，从而快速寻找 $k = 20$ 的邻域。最后，将该算法与爬山算法相结合求解最小顶点覆盖问题，发现解的质量随着局部搜索邻域的半径 k 的增大而快速提高，并且在大多数情况下，通过设置 $k = 21$ 可以找到最优解。最有价值玩家算法（most valuable player algorithm, MVPA）是一种元启发式算法，其灵感来自基于团队的运动。Khattab 等[61]对 MVPA 进行修改得到 MVPA_MVCP 算法，来求解最小顶点覆盖问题。Chen 等[62]提出了面向最小顶点覆盖问题的动态阈值搜索算法（dynamic thresholding search for minimum vertex cover, DTS_MVC）。该算法依靠快速的基于顶点的搜索策略，通过在阈值搜索阶段和条件改进阶段之间交替，有效地探索搜索空间。Luo 等[63]提出了一个面向最小顶点覆盖的元局部搜索框架（meta local search framework for MVC, MetaVC）求解最小顶点覆盖问题，它是高度参数化的，并结合了许多有效的局部搜索技术，使用了自动算法配置器，MetaVC 的性能可以针对特定类型的 MVC 实例进行优化。目前最小顶点覆盖问题的研究已相对成熟。

1.2.2　最小加权顶点覆盖问题的研究现状

在很多现实应用中，无权的最小顶点覆盖问题不能完全准确地描述实际问题。例如，在城市交通路口安装监视设备监控每条道路的交通流量。如果用最小顶点覆盖问题来描述该问题，只能求得最少监视设备的个数，而不能保证安装成本与运营和维护的费用最少。上述问题用最小加权顶点覆盖问题描述更加准确。

最小加权顶点覆盖问题是最小顶点覆盖问题的一个泛化版本，也是 NP 难问题[34]。给定一个无向加权图，其中每个顶点有一个权值，最小加权顶点覆盖问题是寻找一个顶点子集使得图中每条边至少有一个端点在该子集中，并且使顶点子集中各顶点的权重之和最小。最小加权顶点覆盖问题有两个等价问题，即最大加权独立集（maximum weighted independent set, MWIS）问题和最大加权团（maximum weighted clique, MWC）问题。最小加权顶点覆盖及其等价问题不仅有重要的理论研究意义，而且在实际问题中的很多领域都有重要的应用，如网络流调控、电路设计问题和无线通信领域无线覆盖等[64-66]。顶点的权值在最小加权顶点覆盖问题中，可以代表工程、管理、经济应用中的成本、费用等。当每个顶点的权重相等时，该问题就等价于最小顶点覆盖问题。

近年来，研究者探索了许多不同的优化策略来寻找问题的近似解。如 Niedermeier 等[39]研究了一个限制条件更为严格的最小加权顶点覆盖问题，被称为现实的加权顶点覆盖问题。在该问题中，规定最终解各顶点的总权值和小于等于某个常量 k，且图中每个顶点的权值大于等于 1，该问题的一个有效解可以在 $O(1.3954^k + kn)$ 的时间复杂度内找到。若在适当加大内存资源的条件下，则能够在 $O(1.3788^k + kn)$ 的时间复杂度内找到问题的解。Chen 等[67]研究了最小加权顶点覆盖问题的另一个变形问题，即限制每个顶点的权值只能是正整数，对于此变形问题的求解可以在 $O(1.2738^k + kn)$ 的时间复杂度内找到问题的解，其求解速度类似于无权的最小顶点覆盖问题。在精确求解方面，王永裴等[68]提出基于分支降阶技术为最小加权顶点覆盖问题设计一个快速递归算法，同时使用加权分治技术对算法加以分析，得到一个时间复杂度为 $O(1.3482^n p(n))$ 的精确算法，其中 $p(n)$ 为问题中顶点个数 n 的多项式函数，对比分析表明该时间复杂度低于采用传统方法得到的时间复杂度。Xu 等提出了基于可满足（satisfiability, SAT）问题的最小加权顶点覆盖问题求解（SAT-based MWVC solver, SBMS）算法，SBMS 算法将最小加权顶点覆盖问题转化为 SAT 问题进行求解，用高效的 SAT 求解器解决 MWVC 问题[69]。Wang 等首次提出了一个精确算法用于直接求解加权顶点覆盖问题，该算法基于分支定界的思想，融入了新的约简规则来简化大规模问题实例，设计了启发式策略用于选择分支顶点，运用下界来进行剪枝[70]。

目前已有很多学者在启发式搜索上投入了大量的精力，目的是在合理的时间内用启发式算法找到最小加权顶点覆盖问题的最优解或次优解。首次应用启发式算法来求解最小加权顶点覆盖问题，见文献[71]中描述。该算法首先构造一个空初始解，然后逐步移入符合一定条件的顶点到初始解中，即移入顶点的权值与该点能覆盖当前未被覆盖的边数的比率最小。Shyu 等提出了一个基于蚁群优化算法的元启发式算法[72]，后来 Jovanovic 等加入信息素调整启发式策略改进了该算法[73]。Balachandar 等提出了一个随机重力模拟搜索算法，在该算法中介绍了一个新的基于两阶段的启发式操作[74]。伴随着顶点支持概念的提出，Balaji 等提出了有效的支持率算法[75]。Voß 等提出了一个改进的反映式禁忌搜索算法[76]。Bouamama 等提出了一个基于种群的迭代贪心搜索算法[77]。Zhou 等提出了多重启迭代禁忌搜索算法，算法采用了多重启机制和禁忌策略[78-79]。本书作者提出了一个有效的局部搜索算法来求解 MWVC 问题[80]。该算法使用边加权机制实现了动态打分策略，使得算法能够跳出局部最优，使用加权格局检测策略来避免循环搜索现象。结合动态打分策略和加权格局检测策略实现了顶点选择策略，从而确定从候选解中删除或加入候选解中的顶点。Xie 等提出了一种基于测试代价敏感的粗糙集算法[81]。Li 等提出了基于构造过程和新的交换步的局部搜索算法（fast local search algorithm for minimum weighted vertex cover, FastWVC）[82-83]。Cai 等提出了两种动态策略来调整算法在搜索时的行为，用于改进当时最先进的 MWVC 局部搜索算法 FastWVC，从而产生了两种局部搜索算法 DynWVC1 和 DynWVC2[84]。Tang 等从网络工程的角度出发，提出了一种新的解决方案，将加权顶点覆盖问题建模为一个加权网络上的非对称博弈，提出了一种带记忆和反馈的最佳响应算法来求解最小加权顶点覆盖问题，并发现在基于反馈的最佳响应算法下可以得到一个更好的近似解[64]。Pourhassan 等研究了如何利用最小加权顶点覆盖问题的对偶公式来设计可证明得到 2 近似值的进化算法[85]。Nakajima 等开发了最小和消息传递算法求解最小加权顶点覆盖问题，该算法可以看作是警告传播算法的泛化，并且他们在特殊的单环图上对该算法的性质进行了分析[86]。固定集搜索（fixed set search, FSS）是一种新的元启发式算法，它在增强贪心算法的基础上增加了学习机制，Jovanovic 等利用 FSS 算法求解最小加权顶点覆盖问题[87]。Sun 等针对全局最优性和缩短计算时间的问题，提出了一种基于博弈学习和基于种群优化相结合的最小加权顶点覆盖问题优化算法[88]。Wang 等结合随机模糊理论，利用回溯法搜索子集树求解最小加权顶点覆盖问题，最终得到搭建广告平台的重点，解决了在随机模糊不确定环境下如何合理搭建广告平台的问题[89]。

另外，随着互联网的发展形成了大量的超大规模问题实例。近年来，学者对超大规模图上的问题求解算法的设计兴趣越来越大。Cai 最早专注于在超大规模图上求解最小顶点覆盖问题，并设计了一个局部搜索算法，该算法能够很好地平衡时间效率和启发式策略的效果[55]。在此基础上，Fan 等使用约简规则构建初始解，并提出了一种新的数据结构来提高时间效率[57]。此后，又有若干最小顶点覆盖问题的求解算法在超大规模图上进行了测试，并取得了很好的效果[57-63]。也有其他图问题来求解超大规模的实例，如最大团问题[90]、图着色问题[91]、最小支配集问题[92]、最大独立集问题等[93]。大多数求解超大规模图的工作都集中在求解未加权图。对于顶点加权图，Wang 等提出了一种低时间复杂度的概率启发式策略，用于超大规模图上最大加权团问题的交换顶点对的选择[94]。虽然最小加权顶点覆盖问题与最大加权团问题可相互转换，但是对于大多数稀疏的超大规模图，用最大加权团问题的求解方法在补图上求解最小加权顶点覆盖问题会遇到补图太大无法处理的问题[90,95]。

尽管已经有一些算法成功应用于求解加权顶点覆盖问题，但对这些方法的研究仍处于初期阶段。与求解最小顶点覆盖问题的局部搜索算法相比，求解最小加权顶点覆盖问题算法的能力还有很大的提升空间，尤其是在规模相对较大的实例上。这有可能是因为 MWVC 问题比 MVC 问题困难和复杂，从算法设计的角度，MWVC 更难以求解。由于 MWVC 问题复杂的结构，在局部搜索算法的搜索阶段更容易访问曾经访问过的解。除此之外，阅读现有文献，发现以前的算法很少有对问题实例进行约简的，这样使得算法求解规模不易提高；在顶点删除阶段以往算法几乎都是删除固定个数的顶点，很少有随着搜索的变化而自适应地改变删除顶点的个数，这使得算法的效率不高；现有的用格局检测策略来避免循环搜索的算法很少有采用特赦准则的，这样很容易使算法错过一些更优的解而降低算法的性能。为解决以上问题，本书提出了一个高效的求解算法（NuMWVC）来求解最小加权顶点覆盖问题[96]。

1.2.3　泛化顶点覆盖问题的研究现状

Hassin 等于 2006 年首次提出泛化顶点覆盖问题[97]，该问题可以看作是最小顶点覆盖问题的一个扩展。给定一个无向图 $G = (V_t, E_g)$，其中每个顶点 v 对应一个权值 $c(v)$，每条边 e 对应三个权值 $w_0(e)$，$w_1(e)$，$w_2(e)$，并且满足 $w_0(e) \geq w_1(e) \geq w_2(e) \geq 0$，三个权值分别表示边 e 的端点有 0 个、1 个和 2 个顶点在候选解中对目标值的贡献。泛化顶点覆盖问题是找到一个顶点子集 $S \subseteq V_t$，使得所求得的权值之和 $c(S) + w_2(S) + w_1(S, \bar{S}) + w_0(\bar{S})$ 最小，其中 $c(S)$ 为候选解中顶点的权重和，$w_2(S)$ 表示 2 个端点都在候选解中的边权和，$w_1(S, \bar{S})$ 表示 1 个端点在候选解中的边权和，$w_0(\bar{S})$ 表示 0 个端点在候选解中的边权和。

由于泛化顶点覆盖问题具有重要的理论和实践意义，研究者对其进行了广泛的研究。在近似算法和精确算法方面有如下的研究。2006 年，Hassin 等在文献[97]中分析了泛化顶点覆盖问题的复杂性并提出了一般情况下求解该问题的两个 2 近似算法，一种是基于线性规划松弛算法，另一种是基于局部比算法。Hassin 等证明了在特殊情况下，即每个顶点 v 的权值为 1，每条边 e 对应三个权值 $w_0(e) = 1$，

$w_1(e) = 0$，$w_2(e) = 0$，此时泛化顶点覆盖问题规约为最小顶点覆盖问题。由于最小顶点覆盖问题已被证明是 NP 难问题，所以泛化顶点覆盖问题也是 NP 难问题。在文献[98]中，Kochenberger 等将泛化顶点覆盖问题建模为无约束的二次规划问题而非线性规划模型，并用著名的商业软件 CPLEX 进行求解，将无约束的二次规划模型与线性规划模型进行对比，实验结果表明无约束的二次规划模型运行效果优于线性规划模型。

　　由于近似算法无法保证求解质量，而精确算法又只能求解一些规模相对较小的问题，因此，一些学者从启发式算法求解方面对泛化顶点覆盖问题进行了研究。Milanovic 在文献[99]中提出了遗传算法求解泛化顶点覆盖问题，遗传算法中涉及二进制表示法、标准遗传算子和恰当的适应度函数。Milanovic 将遗传算法与 CPLEX 求解器和 2 近似算法进行了对比，实验结果表明遗传算法的性能优于 CPLEX 求解器和 2 近似算法，尤其是在规模相对较大的实例上。Chandu 在文献[100]中提出了求解泛化顶点覆盖问题的并行遗传算法，该算法使用了多核分布式处理机制，所提出的模型需要运行映射-规约模式。在算法执行的多核集群运行规约阶段，遗传算法中的适应度函数计算、交叉操作和变异操作被分布在多台机器上完成。实验结果表明，Chandu 提出的多核分布式处理机制有助于实现多台机器并行运行遗传算法求解泛化顶点覆盖问题，该方法能够在相对较短的时间内完成求解，提高了算法效率。本书作者在文献[101]中提出一个基于禁忌策略和干扰机制的迭代局部搜索（local search algorithm with tabu strategy and perturbation mechanism, LSTP）算法求解泛化顶点覆盖问题。LSTP 算法中引入禁忌策略是为了防止局部搜索很快访问之前访问过的候选解，从而避免循环问题；LSTP 算法中采用了基于顶点打分函数和禁忌策略的顶点选择方法，即选择哪些顶点加入或移除候选解，从而引导算法向正确的方向搜索；LSTP 算法中引入干扰机制是为了避免算法陷入局部搜索最优解，增加解的多样性。化学反应优化是一种基于群体的元启发式优化算法，与现有的优化算法相比，它在大多数情况下都能获得较好的结果[102-104]。Islam 等利用化学反应优化算法求解泛化顶点覆盖问题，在该算法中对其四个基本算子进行了重新设计，提出了一种求解全局优化问题的算法，并利用一个附加算子修复函数来生成最优或近似最优解[105]。

现已有一些启发式算法求解泛化顶点覆盖问题，这些算法主要分为两类，即元启发式算法和局部搜索算法。元启发式算法是基于种群的，在搜索过程中维护多个候选解，因此元启发式算法多样性搜索的能力较强。而局部搜索算法是基于一个候选解的，在搜索过程中只维护一个候选解，并不断提高该候选解，因此局部搜索算法集中性搜索的能力较强。基于以上考虑，本书提出了一种基于进化搜索和迭代邻域搜索的泛化顶点覆盖问题的模因算法（memetic algorithm for generalized vertex cover problem, MAGVCP）求解泛化顶点覆盖问题[106]。模因算法即在进化搜索算法中加入迭代邻域搜索[107-110]。另外，现有算法只在随机实例上对算法性能进行测试，该组实例的规模相对较小。为了对算法进行进一步的测试，本书首次在现实问题生成的 DIMACS 实例［由美国离散数学和理论计算机科学中心（Center for Discrete Mathematics and Theoretical Computer Science, DIMACS）举办的比赛实例］上对算法进行了实验，DIMACS 实例的规模要比随机实例的规模大，能更有效地说明算法的性能。

1.2.4　最小分区顶点覆盖问题的研究现状

最小分区顶点覆盖问题于 2012 年被 Bera 等提出[111]。在介绍最小分区顶点覆盖问题之前，我们先介绍一下其相关问题——最小部分顶点覆盖问题。给定一个无向图 $G = (V_t, E_g)$ 和一个参数 k，最小部分覆盖问题是找出一个最小基数的顶点子集 $C \subseteq V_t$，使其至少覆盖 E_g 中的 k 条边。该问题是最小顶点覆盖问题的一个扩展，当 k 的取值为边数 $|E_g|$ 时，该问题就规约为最小顶点覆盖问题。而最小分区顶点覆盖问题是最小部分顶点覆盖问题的一个扩展。给定一个无向图 $G(V_t, E_g)$ 和边集 E_g 的一个划分 $P_1, P_2, \cdots, P_r$，每个分区 P_i 对应一个正整数参数 k_i，其中划分需满足 $\bigcup_{i=1}^{r} P_i = E_g$ 和 $P_i \cap P_j = \varnothing$，$\forall i, j \in \{1, 2, \cdots, r\}$ 且 $i \neq j$，最小分区顶点覆盖问题是找到一个最小基数的顶点子集 $P_i \subseteq V_t$，使其至少覆盖分区 P_i 的 k_i 条边。如果分区的个数为 1，则该问题就等价于最小部分顶点覆盖问题。

目前已有很多研究者热衷于最小部分顶点覆盖问题的研究。文献[112]给出了两种基于线性规划方法的近似算法求解最小部分顶点覆盖问题。Hochbaum 给出了一类具有最多三个变量约束的整数规划，在一定条件下可用于生成 2 近似解[113]。

Bar-Yehuda 提出了一个时间复杂度为 $O\left(\left|V_t\right|^2\right)$ 的 2 近似算法[114]。文献[115]提出了一种基于半定规划的 $2-\Theta\left(\dfrac{\ln\ln d}{\ln d}\right)$ 近似算法，以匹配顶点覆盖的当前最优上界，该算法采用了一种新的四舍五入技术，其中包括一种精细的概率分析。Mestre 提出了一个原始-对偶 2 近似算法，其时间复杂度为 $O\left(V_t\log V_t+E\right)$[116]。Kneis 等提出了确定性算法和随机性算法，其时间复杂度分别为 $O\left(1.396^k\right)$ 和 $O\left(1.2993^k\right)$[117]。Damaschke 为固定参数可解问题的算法复杂性提出了一个框架，并将该框架应用于最小部分顶点覆盖问题中[118]。文献[119]给出了超图上部分顶点覆盖问题的近似算法。文献[120]研究了最小部分顶点覆盖问题的几个扩展问题，并从固定参数可解和 W[1]-难度的角度得出了新的结果。

由于近似算法求解的质量无法满足实际应用的需求，近年来有研究者提出用启发算法来求解最小部分顶点覆盖问题，以求得最优解或者近似最优解。Zhou 等提出了一个基于贪心随机自适应搜索过程（greedy randomized adaptive search procedure, GRASP）的局部搜索算法求解最小部分顶点覆盖问题，为了提高算法的收敛速度，他们还引入了一个最小成本策略来帮助决定下一次迭代要改变哪个顶点状态[121]。随后 Zhou 等提出了一种有效的模因算法，从而很好地平衡勘探能力和开采能力。在进化过程中采用骨干交叉和自适应变异操作来跳过局部最优，在局部搜索过程中采用三层编码机制，促进和抑制因子的相互作用机制来优化候选解[122]。

然而，最小分区顶点覆盖问题的研究相对较少。文献[111]提出了基于确定性舍入和随机舍入方法的组合的 $O(\log n)$ 近似算法求解最小分区顶点覆盖问题和背包分区顶点覆盖问题，该算法通过向整数规划加入背包覆盖不等式而获得。文献[111]还使用原始对偶模式给出了最小分区顶点覆盖问题的 $O(f)$ 近似值，其中 f 是所有分区中的最大边数。文献[123]提出了基于线性规划松弛的近似算法，该算法通过在自然的线性规划松弛中加入背包覆盖不等式得到。

目前对最小分区顶点覆盖问题的研究尚属起步阶段，尤其是实践算法方面，根据文献调研显示，鲜有实践类算法求解该问题。因此本书提出了模拟退火算法和随机局部搜索算法求解最小分区顶点覆盖问题，在实践类算法方面实现了突破。

1.3 主要研究内容和成果

本书主要讨论最小加权顶点覆盖问题、泛化顶点覆盖问题和最小分区顶点覆盖问题的启发式搜索算法求解，设计它们高效的求解算法。三个问题都是最小顶点覆盖问题的扩展，是重要的组合优化问题，并且在大规模集成电路、生物信息和网络流调控等领域都有着重要的应用。图 1.1 列出了本书的主要研究内容和创新性贡献。

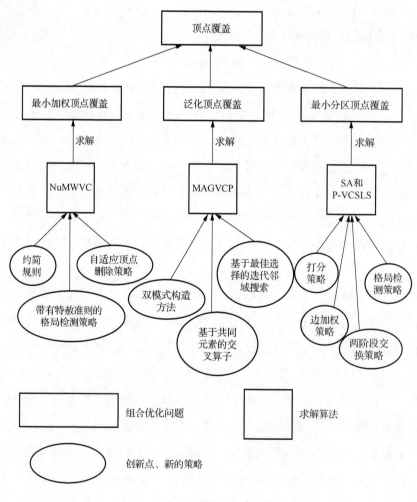

图 1.1　本书主要研究内容及贡献

首先，本书研究的第一个问题是最小加权顶点覆盖问题，针对该问题，本书提出了三个新的局部搜索技术：第一，本书提出最小加权顶点覆盖问题的四个约简规则。通过约简规则对问题实例规模进行缩减，并展示如何使用这些规则构建初始候选解，后续局部搜索将对该初始候选解进行优化。第二，通过特赦准则对格局检测策略进行提升，得到带有特赦准则的格局检测策略用于避免循环搜索。该策略中，如果存在一个顶点，将该顶点加入候选解中，得到的解优于当前找到的最优解，那么无论该顶点是否满足格局检测策略，都将该顶点移入候选解中，该策略使得算法能够不错过一些较优的解。第三，本书提出自适应顶点删除策略来改进局部搜索过程。在之前的最小顶点覆盖和最小加权顶点覆盖问题的局部搜索算法中，一旦找到一个 k 大小的顶点覆盖，就会从候选解中删除一个顶点，然后算法从当前的候选解开始搜索一个 $k-1$ 大小的顶点覆盖。而本书提出一种自适应启发式策略来决定要删除的顶点的数量，使得算法可以快速找到质量较高的候选解。结合上述技术，本书开发了一个局部搜索算法（NuMWVC 算法）求解最小加权顶点覆盖问题。实验结果表明，NuMWVC 算法在标准测试实例、超大规模实例和实际问题实例上都比现有的局部搜索算法有更好的性能。本书还对 NuMWVC 算法不同版本进行了测试，实验结果表明我们提出的约简规则、带有特赦准则的格局检测策略和自适应顶点删除策略可以有效提高算法的性能。

其次，本书设计了求解泛化顶点覆盖问题的模因算法。该算法提出了基于随机模式和贪心模式的双模式构造方法，以及基于共同元素的交叉算子和基于最佳选择的迭代邻域搜索。第一，随机模式生成的解有助于提高搜索的开采能力，而贪心模式有助于提高搜索的勘探能力，为了在开采能力和勘探能力之间做一个平衡，本书采用了双模式的构造方法构造初始种群，从而提高种群的质量和多样性。第二，通过实验分析发现，泛化顶点覆盖问题高质量的解通常具有大量的共同元素，这些元素很有可能成为最优解的一部分。为此，本书提出了一种基于共同元素的交叉算子，即在父代中保留相同基因，然后利用均匀交叉生成具有合理质量和多样性的后代解。第三，基于最佳选择的迭代邻域搜索的主要思想是每次迭代从候选解邻居集中寻找一个最好的邻居解来替代当前的候选解。为避免搜索陷入局部最优，本书还引入了随机游走策略，从而使算法找到更好的解，且又能从局部最优中跳出。基于以上技术，本书设计了模因算法（MAGVCP 算法）求解泛化顶点覆盖问题。实验结果表明，MAGVCP 在随机实例和 DIMACS 实例上都比现有的启发式算法有更好的性能。但是，从运行时间角度分析，MAGVCP 在部分实例上不如其对比算法快。

此外，本书针对最小分区顶点覆盖问题设计了两个局部搜索算法，即模拟退火（simulated annealing, SA）算法和随机局部搜索（stochastic local search for partition vertex cover, P-VCSLS）算法。在随机局部搜索算法中本书采用了打分策略、边加权策略、两阶段交换策略和格局检测策略。其中打分策略用于衡量每个顶点加入或移出候选解对评估函数的影响，帮助算法选择合适的顶点加入或移出候选解。边加权策略中，每条边对应一个权值，当局部搜索算法陷入局部最优时增加当前未被覆盖边的权值，权值的改变会影响顶点的分数，会使算法选择恰当的顶点来覆盖未被覆盖的边，从而跳出局部最优。两阶段交换策略是在顶点对交换时先从候选解中移除一个顶点，然后从候选解外移入一个顶点，而非直接选择一个顶点对进行交换。很显然两阶段交换策略可降低算法的时间复杂度，能更好地平衡获得候选解的质量和时间代价。格局检测策略可有效避免循环搜索，减少时间的浪费，从而提高算法的效率。由于很少有实践类算法求解最小分区顶点覆盖问题，因此本书仅将模拟退火算法作为基准算法，将随机局部搜索算法与其进行对比。通过在 DIMACS 实例上对比，我们得出无论在较大规模实例还是较小规模实例上，随机局部搜索算法在大多数情况下得到的结果都要优于模拟退火算法。

1.4　本书主要结构

本书围绕最小顶点覆盖问题的三个扩展问题，即最小加权顶点覆盖问题、泛化顶点覆盖问题和最小分区顶点覆盖问题的启发式求解展开，具体结构如下。

第 1 章主要介绍本书的研究背景及意义、研究现状、研究内容和主要贡献。

第 2 章概要介绍本书相关算法，给出局部搜索算法的框架及其核心技术，模因算法框架及其特点，模拟退火算法的原理、流程及优势。

第 3 章介绍求解最小加权顶点覆盖问题的局部搜索算法及算法中的新技术，

包括约简规则、带有特赦准则的格局检测策略、自适应顶点删除策略，并在大量的基准实例上对该算法及几个策略的有效性进行测试。

第 4 章设计求解泛化顶点覆盖问题的模因算法及算法中的有效技术，包括基于随机模式和贪心模式的双模式构造方法、基于共同元素的交叉算子和基于最佳选择的迭代邻域搜索，并对该算法的性能进行实验分析。

第 5 章讨论求解最小分区顶点覆盖问题的两个局部搜索算法及相关的技术。其中算法包括模拟退火算法和随机局部搜索算法，技术包括打分策略、边加权策略、两阶段交换策略和格局检测策略。最后将两个算法在大量标准实例上进行对比分析。

第 6 章对本书进行总结。

第 2 章　相关算法介绍

很多组合优化问题被证明是 NP 难的,通常认为 NP 难问题在多项式时间内不能找到最优解[124]。因此,很多学者对启发式算法很感兴趣,启发式算法可以在合理的时间内找到近似最优解。局部搜索算法和进化算法等是很重要的求解组合优化问题的启发式算法,其由于简单易于理解的性质已受到越来越多的重视。本章将介绍几种常用的启发式搜索算法,包括局部搜索算法、模因算法和模拟退火算法。

2.1　局部搜索算法

局部搜索算法用来求解组合优化问题已有很长的历史,可以追溯到 20 世纪50 年代末。最早的基于边交换的局部搜索算法的提出是用来求解旅行商问题,如文献[125]、[126]。到目前为止,局部搜索算法的研究已在统计学、人工智能、运筹学等许多领域展开。尤其是在组合优化问题的求解上已被广泛应用,如背包问题[127-128]、图着色问题[129-130]、装箱问题[131-132]和调度问题[133-134]等。

2.1.1　局部搜索算法框架

局部搜索算法是一类高效的求解组合优化问题的启发式求解方法,其一般过程是从整个搜索空间中的某一位置开始搜索,每一次从当前候选解转移到另一个候选解,目的是寻找更优的候选解。每个候选解的质量好坏信息是根据当前组合优化问题的评价函数决定的。每一次从当前候选解转移到另一个候选解时,局部搜索方法只根据局部的一些信息给出决策,进而决定哪一个局部候选解是下一个候选解。

给定一个组合优化问题,一个求解该问题的任意实例 π 的局部搜索算法可形式化定义如下[135]。

(1)搜索空间 $X(\pi)$。$X(\pi)$ 是所有候选解的有限集合,一个候选解 $x \in X(\pi)$

可以表示为位置、点、编排或状态等。

（2）可行解集合 $S(\pi) \subseteq X(\pi)$。该集合中的元素都是满足组合优化问题约束的候选解。可行解不一定是最优解，但最优解一定是可行解。

（3）邻居结构 $N(\pi) \subseteq X(\pi) \times X(\pi)$。定义什么样的候选解互为邻居。

（4）初始化函数 $\mathrm{init}(\pi)$：$\varnothing \mapsto D(X(\pi))$。初始化函数定义了候选解集合的一个概率分布，从而可确定算法选择哪个候选解作为初始候选解。

（5）状态转移函数 $\mathrm{step}(\pi)$：$X(\pi) \mapsto D(X(\pi))$。状态转移函数把每个候选解映射到候选解集合的一个概率分布，从而算法可确定下一次迭代将访问的候选解。一次状态转移也称为一次迭代搜索。

（6）终止检测函数 $\mathrm{terminate}(\pi)$。定义了一个检查搜索是否达到指定的目标位置的函数。

根据以上描述，对于一个最小优化问题 (S, X, f)，其中 S 包含于 X，X 是解空间，S 是可行解空间，f 是目标函数。一个局部搜索算法求解的过程可以用算法 2.1 描述。在该算法中，先初始化候选解，用 x^{*} 记录全局最优解。主循环（第 3~8 行）执行到满足搜索达到指定的目标位置。循环中先调用状态转移函数，从当前候选解的邻居中确定一个作为下一次迭代将访问的候选解，并判断该邻居解是否优于全局最优解，若优于则更新全局最优解。

算法 2.1　局部搜索算法求最小优化问题

LS_Minimize( )

Input: problem instance π

Output: solution $x \in S(\pi)$ or $\varnothing$

---

1. $x \leftarrow \mathrm{init}(\pi)$;

2. $x^{*} \leftarrow x$;

3. **while** not terminate(π, x) **do**

4. 　　$x \leftarrow \mathrm{step}(\pi, x)$;

5. 　　**if** $f(\pi, x) < f(\pi, x^{*})$ **then**

6. 　　　　$x^{*} \leftarrow x$;

7. 　　**end if**

8. **end while**

9.**if** $x^* \in S(\pi)$ **then**

10. **return** x^* ;

11.**else**

12. **return** $\varnothing$;

13.**end if**

2.1.2　局部搜索算法的核心技术

局部搜索算法是求解困难组合优化问题时使用最广泛的方法。不同局部搜索算法的差别主要在于评估函数、邻居结构以及跳出局部最优的策略等的设计。好的设计可以正确引导搜索方向，使算法快速准确地找到最优解或次优解。反之，不但算法经常出现循环搜索现象，而且容易陷入局部最优，使得算法无法快速找到最优解或次优解。下面对局部搜索算法的核心技术进行简要介绍。

（1）邻居的定义。一般来说，选择一个适当的邻居关系对局部搜索算法的性能是至关重要的，通常，应针对不同的问题，定义对应的邻居关系。然而，有标准类型的邻居关系定义，该邻居定义在很多局部搜索算法上已成功应用。k-交换邻居是广泛使用的邻居关系类型之一，在该类型中如果两个候选解仅有 k 个不同的解部件，则称这两个候选解为邻居。例如最小加权顶点覆盖问题中，原图的一个顶点子集就是一个候选解，向候选解中加入或删除一个顶点就得到邻居解，所以该问题的邻居就是 1-交换邻居。

（2）评估函数。为提高局部搜索算法的性能，需要有一种机制来指导搜索向最优解的方向进行。局部搜索算法会用一个评估函数 $g: X \mapsto R$ 来评估候选解的质量，从而引导搜索的方向。因此，提供引导的有效性取决于评估函数的属性及所用的搜索机制。评估函数需要针对每个问题而设计，一般需要参考问题的搜索空间、候选解集和邻居结构等因素。在局部搜索算法求解组合优化问题时，经常会用目标函数来作为评估函数，这样评估函数的值直接对应最终要优化的目标值。然而，在某些情况下评估函数和目标函数不一样时能更有效地引导搜索向更高质量的解进行。但设计评估函数时通常要满足评估函数值较小的候选解对应的目标函数值也较小，这样求解最小（大）化问题才能搜索到目标函数值更小（大）的候选解。

（3）跳出局部最优的策略。在许多情况下，局部最优的陷入无法避免。对于一般的组合优化问题，局部最优解的质量通常不能满足需求，因此跳出局部最优的策略对于局部搜索算法非常重要。常见的跳出局部最优的策略有随机重启策略[136]、扰动策略[137]和随机游走策略[138]。随机重启策略使得算法从一个新的随机位置开始搜索，主动放弃之前搜索的信息，浪费了之前搜索的时间。扰动策略一般是从候选解中随机删除若干解部件，使算法既保留了一部分原来搜索的信息，又能够进入一个新的搜索区域。随机游走策略在算法陷入局部最优时，通过以一定概率允许搜索选择比当前候选解差或者和当前候选解相同质量的解，从而算法可能进入新的区域达到跳出局部最优的目的。总的来说，这几种跳出局部最优的策略都加入了随机因素。

（4）集中性和多样性。近年来的研究表明，在局部搜索算法中，集中性与多样性策略非常重要[139]，而且是同等重要的。局部搜索算法可以看成这两种策略的有机结合。然而集中性与多样性又是矛盾的，因此如何解决两者之间的矛盾就成为一个重要的问题。局部搜索的集中性策略类似于贪心的搜索方法，用于对当前搜索到的优良候选解的邻域做进一步更为充分的搜索，以期能够找到全局最优解。集中性搜索可以提高候选解的质量，但容易使搜索陷入解空间的一个不包含全局最优解的小区域内。搜索的多样性策略则是用来拓宽搜索区域尤其是一些未知区域，特别是当搜索陷入局部最优解时，多样性搜索可改变搜索方向，使其能够跳出局部最优并防止算法被困在没有希望的区域，从而实现全局优化。多样性搜索可以增加解的多样性，但可能错过搜索空间中某个区域内的最优解。何时选择集中性搜索、何时选择多样性搜索常常难以确定。一个好的局部搜索算法应很好地平衡集中性和多样性，这样才能够快速找到高质量的解。因此很多学者从集中性搜索和多样性搜索的分配和转换是否合理来分析和改进局部搜索算法。

（5）循环问题。局部搜索算法在搜索过程中常重复地访问一些解，此现象被称为循环问题[140]，这不仅浪费了时间，还经常使算法陷入局部最优，降低了算法的性能。另外，若将之前访问过的解全部记录下来，虽然可以避免循环问题的出现，但这不仅需要指数的存储空间，也需要大量的时间去匹配检查。所以，循环问题是局部搜索算法的固有问题，本质上不可消除。因此，有效减少循环问题可以大大提高算法的性能，其实前面介绍的跳出局部最优的策略有时也可有效地避免循环问题，很好地平衡集中性搜索和多样性搜索也可以有效减少循环问题。因此，局部搜索算法的一个重要研究方向就是如何减少循环问题，目前已有很多策略为减少循环问题而提出，常见的有禁忌策略[101,141]、格局检测策略[51]。

综上所述，设计一个高效的局部搜索算法，首先要对问题有深刻的理解。根据问题特点设计合适的评估函数和邻居结构，并且平衡好多样性搜索和集中性搜索，在算法陷入局部最优时，选择合适的策略跳出局部最优，在整个搜索过程中，用有效的策略来避免循环搜索，最终设计出一个高效的局部搜索算法。

2.2 模因算法

1989 年，Pablo Moscato 首次提出模因（memetic）算法的概念[142]。模因一词由 meme 而来，模因算法是一种基于种群的全局随机搜索和基于个体的局部启发式搜索的结合体。模因算法提出的是一种框架和概念，其基本思想是采用不同的搜索策略构成不同的模因算法，如全局搜索策略可以采用遗传算法、进化策略等，局部搜索策略可以采用模拟退火算法、爬山算法、禁忌搜索、贪心算法等[143]。模因算法是解决组合优化问题的高效方法，特别是在求解 NP 完全问题时，其搜索效率更加明显。现已在不同组合优化问题得到广泛应用，如旅行商问题[144-145]、支配集问题[146]、集合覆盖问题[147]、护士排班问题[148]和二次分配问题[149]等。

2.2.1 模因算法框架

Radcliffe 和 Surry 探讨了算法的优化机理，指出模因算法是一种基于进化思想的新的元启发式算法，其通过个体的选择、交互与发展等行为产生群体智能[150]。最突出的特点是融合了全局随机搜索和局部集中搜索策略，先运用全局搜索策略产生种群，后运用局部搜索方法搜索每个个体。模因算法应包括如下几个阶段[151]。

1. 染色体的编码及初始种群的产生

首先要确定染色体的编码方式，编码方式的选择需要根据问题的类型而确定。在确定了染色体编码方式之后，根据种群大小，随机产生相应个数的染色体，生成初始种群。在产生初始种群时一般有两种办法：一种是完全随机的方法，它适用于没有任何先验知识的求解；另外一种是结合先验知识产生的初始群体，这样将会使算法更快地找到最优解。

2. 进化阶段

进化阶段是产生新种群的主要操作，新的种群是通过旧的种群产生的，而常见的进化算法主要模仿生物体的进化而进行。这个阶段分为三个小的阶段。

（1）选择。选择算子主要是作用于现有的种群，根据适应度函数来评价每个染色体的质量，那些适应度值较好的个体将具备更大的概率被选择进入下一操作。进化算法中，有很多种选择方式，如轮盘赌、锦标赛等方法。在一代循环中，经过选择操作，一个新的种群将会产生。

（2）交叉。交叉也是模仿生物体的繁殖过程，通过对完成选择操作后的种群中的个体进行两两交叉，将会生成同等数量的新个体，同样用适应度函数来比较新产生的后代个体与父代个体的优劣，如果后代个体具有更好的适应度值，将用后代个体代替种群中的父代个体，从而生成一个新的种群。

（3）变异。虽然在现实的生物世界中，变异是很少发生的，但却不能忽视变异的存在，因为变异一直被认为是生物进化的一个强驱动因素。变异主要是通过随机改变染色体的某些基因而产生新的个体，新的个体可能比原来的好，也可能不如原来的，是否接受新个体每个问题有各自的考虑，但通过变异，确实会使染色体跳出现有的候选解空间，能更好地保持解空间的多样性。

3. 局部搜索阶段

局部搜索是模因算法对进化算法改进的主要方面，局部搜索将在邻域内搜索潜在的最优解，这样将会在原有进化过程的基础上进行再次优化，选出局部区域最优个体以替换种群中原有的个体。

4. 对群体进行更新

经过一个循环的进化操作（交叉和变异）和局部搜索后，会产生一些新的个体，这些个体与原来的个体将组成一个大的种群，为了保持种群的大小，将采用如轮盘赌、锦标赛等方法进行选择，从而生成一个新的种群。

5. 算法的终止

类似于所有其他进化算法，当进化过程达到一定的迭代步数，或者解的适应度值收敛，算法将会终止。

综上所述，算法 2.2 给出了模因算法的伪代码。

算法 2.2　模因算法框架

Memetic()
1. $t \leftarrow 0$;
2. $\mathrm{Pop}(t) \leftarrow \mathrm{Individual}()$;
3. $\mathrm{Pop}(t) \leftarrow \mathrm{Generate\ Random\ Solution}\big(\mathrm{Pop}(t)\big)$;
4. $\mathrm{Evaluate\ Fitness}\big(\mathrm{Pop}(t)\big)$;
5. **while** (termination criteria not satisfied) do
6. 　　$\mathrm{Pop}'(t) \leftarrow \mathrm{Select\ for\ Variation}\big(\mathrm{Pop}(t)\big)$;
7. 　　$\mathrm{Pop}'(t) \leftarrow \mathrm{Crossover}\big(\mathrm{Pop}'(t)\big)$;
8. 　　$\mathrm{Pop}'(t) \leftarrow \mathrm{Mutate}\big(\mathrm{Pop}'(t)\big)$;
9. 　　$\mathrm{Pop}'(t) \leftarrow \mathrm{Local\ Search}\big(\mathrm{Pop}'(t)\big)$;
10. 　　$\mathrm{Evaluate\ Fitness}\big(\mathrm{Pop}'(t)\big)$;
11. 　　$\mathrm{Pop}(t+1) \leftarrow \mathrm{Restart\ Population}\big(\mathrm{Pop}(t), \mathrm{Pop}'(t)\big)$;
12. 　　$t \leftarrow t+1$;
13. **end while**

2.2.2　模因算法特点

模因算法的特点描述如下[152]。

（1）提供了一种概念。对于不同领域的组合优化问题，可以采用不同的组合方法。如遗传算法、蚁群算法用于全局搜索，而模拟退火算法、禁忌搜索算法、爬山算法可用于局部搜索，然后分别组合、集成。

（2）基于种群的全局搜索和基于个体的局部搜索相结合，不断扩大解搜索空间，从而提高算法求解质量。

（3）整个搜索是群体智能搜索，不是单个解搜索，搜索重点集中在性能高的部分，避免陷入局部最小解，从而更容易得到全局最优解。

（4）适合于求解数学模型不明晰或复杂数学模型的问题，因为算法是对问题中的编码染色体进行操作。

2.3　模拟退火算法

模拟退火（SA）算法是一种模拟物理退火的过程而设计的优化算法。它的基本思想最早在 1953 年就被 Metropolis 提出[153]，但直到 1983 年 Kirkpatrick 等才设计出真正意义上的模拟退火算法并应用于组合优化领域[154]。模拟退火算法是求解组合优化问题常用的元启发式算法之一。模拟退火算法是一种基于迭代改进策略的概率优化算法。其出发点是基于物理中固体物质的退火过程与一般组合优化问题之间的相似性。模拟退火算法从某一较高初温出发，伴随温度参数的不断下降，结合概率突跳特性在解空间中随机寻找目标函数的全局最优解，即在局部最优解能概率性地跳出并最终趋于全局最优。在模拟退火算法的每一步中，从当前解中随机生成一个邻居解，根据邻居解与当前解的目标函数值，以一定的概率接受该邻居解为新的当前解。

2.3.1　模拟退火算法原理

模拟退火算法其实是一种贪心算法，典型的贪心算法如爬山算法[155]，这种算法很容易陷入局部的最优解，而有可能找不到全局最优解。模拟退火算法可以概率性地跳出局部最优解[156]，其核心思想是：朝某个方向移动时，只要结果优于当前值，就继续往前迭代，但是如果结果是差于当前值的，那么就以一定的概率去接受这个值，然后以此值再去循环迭代，最终，有可能会找到全局的最优解。

模拟退火算法一般有两层循环，外部循环是代表温度不断下降，内部循环是在这个温度下多次扰动产生不同的状态。一开始温度比较高时，扰动的概率会比较大，随着外部循环温度越来越低，逐渐趋于稳定的时候，扰动的概率会随之降低，最终停留在某一个确定值上。模拟退火算法内部循环是按照 Metropolis 准则接受新状态，根据 Metropolis 准则，粒子在温度 T 时随机扰动的概率为 $\exp(-\Delta E/(KT))$，其中 E 为温度 T 时的内能，ΔE 为内能的改变量，K 为 Boltzmann 常数，Metropolis 准则为

$$p = \begin{cases} 1, & E(X_{\text{new}}) \leqslant E(X_{\text{old}}) \\ \exp\left(-\dfrac{E(X_{\text{new}}) - E(X_{\text{old}})}{T}\right), & E(X_{\text{new}}) > E(X_{\text{old}}) \end{cases} \tag{2.1}$$

先给定粒子相对位置初始状态 X_{old}，作为固体的当前状态能量是 $E(X_{\text{old}})$。然后随机扰动，得到新状态 X_{new}，新状态的能量是 $E(X_{\text{new}})$，系统由状态 X_{old} 变为状态 X_{new} 的接受概率为 p。所以在温度 T 下，当前状态到新状态规则如下。

（1）若 $E(X_{\text{new}}) \leqslant E(X_{\text{old}})$，则接受 X_{new} 为当前状态。

（2）否则，算法以概率 $\exp\left(-\dfrac{E(X_{\text{new}}) - E(X_{\text{old}})}{T}\right)$ 接受新状态 X_{new} 为当前状态，以 $1 - \exp\left(-\dfrac{E(X_{\text{new}}) - E(X_{\text{old}})}{T}\right)$ 概率保持 X_{old} 为当前状态。

2.3.2　模拟退火算法流程

模拟退火算法是由一个随机的初始解开始，对当前的解不断地产生新解，计算旧解和新解的目标函数差值，然后决定是否接受这个新的解，并且直到温度达到冷却状态，继续重复以上过程，最后找到最优解。算法主要步骤如下。

（1）随机生成原始解作为当前系统的初始最优解，计算目标函数。

（2）设置初始温度 $T=T_0$。

（3）设置循环计数器的初始值 $k=0$。

（4）对当前最优解进行随机扰动，生成新解，并计算目标函数与旧解的增量 Δ。

（5）如果增量 $\Delta<0$，则接受当前解作为最优解，否则以 $\exp(-\Delta/T)$ 的概率接受新产生的解为当前最优解。

（6）如果 k 小于终止的步数，则令 $k=k+1$，然后转向步骤（4）；否则转向步骤（7）。

（7）如果还未达到冷却状态，则 $T=\alpha T$。其中降温系数 α 取值范围为 $0<\alpha<1$，并转到步骤（3），否则当前最优解即为所求的解，算法结束。算法流程如图 2.1 所示。

2.3.3　模拟退火算法优势

模拟退火算法有如下的优势[157]。

（1）高效性。模拟退火算法计算过程简单，迭代搜索效率高，可以在短时间内找到近似最优解。

（2）鲁棒性。算法中有一定概率接受比当前解较差的解，可以在一定程度上摆脱局部最优的局面，而且算法求得的解与初始解的状态无关。

（3）通用性。可用于求解复杂的非线性优化问题，具有渐近收敛性，已在理论上被证明是一种以概率1收敛于全局最优解的全局优化算法。

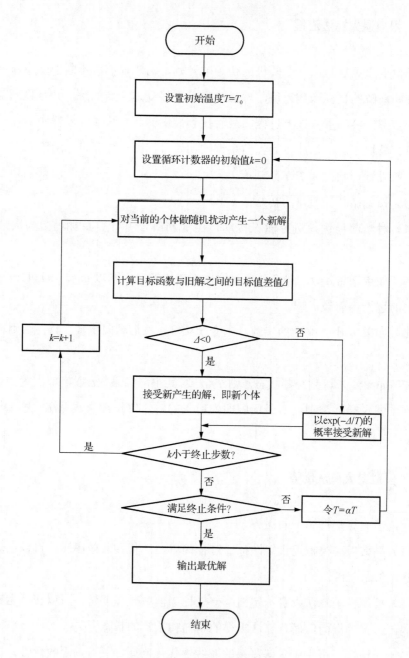

图2.1 模拟退火算法流程图

2.4　本　章　小　结

　　本章对本书相关的算法进行了概要的介绍。首先，介绍了局部搜索算法的框架，并总结了局部搜索算法的核心技术，包括邻居的定义、评估函数、跳出局部最优的策略、集中性和多样性的平衡及避免循环问题，为以后设计高性能的局部搜索算法提供了很好的指导方向。其次，介绍了模因算法的框架，包括五个部分，即染色体的编码及初始种群的产生、进化阶段、局部搜索阶段、对群体进行更新、算法的终止条件，并对模因算法的特点进行了总结。最后，介绍了模拟退火算法的原理、流程及优势。

第3章　最小加权顶点覆盖问题的求解

最小加权顶点覆盖问题是一个著名的组合优化问题，在多个领域有着广泛的应用，具有重要研究意义。本章介绍最小加权顶点覆盖问题的局部搜索（NuMWVC）算法。NuMWVC 算法对已有的基于动态打分策略和加权格局检测策略的局部搜索（diversion local search based on dynamic score strategy and weighted configuration checking, DLSWCC）算法进行了改进。首先，在初始化阶段引入了四个约简规则，将问题实例进行缩减。其次，首次提出了一种基于特赦准则的格局检测策略应用于求解最小加权顶点覆盖问题，以减少局部搜索的循环问题。此外，本章还提出了一种自适应顶点删除策略，使得算法可以快速找到质量较高的候选解。根据以上策略提出了 NuMWVC 算法，实验结果表明，NuMWVC 算法在标准基准测试用例、超大规模测试用例和实际问题（地图标注问题）实例上的性能优于现有求解算法。在不同组测试用例中都取得了一定的突破，在标准基准测试用例上能找到 3 个新的上界（共 34 个实例），在超大规模测试用例上能找到73 个新的上界（共 86 个实例），在实际问题实例上能找到 9 个新的上界（共 14个实例）。

3.1　基　本　概　念

一个无向图 $G(V_t, E_g)$ 由 n 个顶点、m 条边组成，其中 $V_t = \{v_1, v_2, \cdots, v_n\}$ 为顶点集，$E_g = \{e_1, e_2, \cdots, e_m\}$ 为边集。$e = \{v, u\}$ 表示连接顶点 v 和 u 的边，v 和 u 称为 e 的两个端点。对于一个无向顶点加权图 $G(V_t, E_g, w)$，每个顶点 $v_i (i = 1, 2, \cdots, n)$ 有一个权值 $w_i > 0$。$N(v) = \{u \in V_t \mid (u, v) \in E_g\}$ 表示顶点 v 的开邻居集（简称邻域）。$N[v] = N(v) \cup \{v\}$ 表示顶点 v 的闭邻居集。$d(v) = |N(v)|$ 表示顶点 v 的度。若已知一个候选解 $C \subseteq V_t$，用 x_i 表示顶点 v_i 的状态，其中 $x_i = 1$ 表示顶点 $v_i \in C$，$x_i = 0$ 表示 $v_i \notin C$。下面给出最小加权顶点覆盖问题及相关概念的定义。

定义 3.1：（候选解，candidate solution）对于最小加权顶点覆盖问题，给定一个无向图 $G\left(V_t, E_g\right)$，其中 V_t 为顶点集，E_g 为边集，一个顶点子集 $C \subseteq V_t$ 为图 G 的候选解。

定义 3.2：（覆盖，cover）给定一个无向图 $G\left(V_t, E_g\right)$，其中 V_t 为顶点集，E_g 为边集，候选解为 $C \subseteq V_t$，如果边 $e = \{v, u\}$ 且 $(v \in C) \vee (u \in C)$ 为真，则称 C 覆盖 e。

定义 3.3：（可行解，feasible solution）对于最小加权顶点覆盖问题，给定一个无向图 $G\left(V_t, E_g\right)$，其中 V_t 为顶点集，E_g 为边集，候选解为 $C \subseteq V_t$，如果 C 能覆盖图 G 的所有边，则称 C 为图 G 的可行解。

定义 3.4：（顶点覆盖，vertex cover，VC）给定一个无向图 $G\left(V_t, E_g\right)$，其中 V_t 为顶点集，E_g 为边集，图 G 的顶点覆盖是顶点集的一个子集 $C \subseteq V_t$，使得 G 的每条边都被 C 覆盖。

定义 3.5：（最小顶点覆盖问题，minimum vertex cover，MVC）给定一个无向图 $G\left(V_t, E_g\right)$，其中 V_t 为顶点集，E_g 为边集，图 G 的最小顶点覆盖问题是找出一个最小基数的顶点覆盖。最小顶点覆盖问题可以用如下的整数规划形式来描述：

$$\min \sum_{v_i \in V_t} x_i \tag{3.1}$$

$$\text{s.t. } x_i + x_j \geqslant 1, \forall \left(v_i, v_j\right) \in E_g \tag{3.2}$$

$$x_i, x_j \in \{0,1\}, \forall v_i, v_j \in V_t \tag{3.3}$$

其中，公式（3.1）为目标函数，即寻找最小基数的顶点覆盖，公式（3.2）保证每条边至少有一个端点在候选解中，使得边 (v_i, v_j) 被候选解覆盖，公式（3.3）明确约束变量的取值范围。

图 3.1 给出了一个最小顶点覆盖的例子，图中含有 7 个顶点、8 条边，顶点子集 $\{1,2,3,4,5,6,7\}$、$\{1,3,5\}$、$\{1,3,4,5\}$ 都是图 3.1 的顶点覆盖，但是子集 $\{1,3,5\}$ 为图 3.1 的一个最小顶点覆盖。

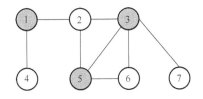

图 3.1　最小顶点覆盖为 $\{1,3,5\}$

定义 3.6：（最小加权顶点覆盖问题，minimum weighted vertex cover, MWVC）给定一个无向顶点加权图 $G(V_t, E_g, w)$，其中 V_t 为顶点集，E_g 为边集，每个顶点 $v_i \in V_t$ 对应一个权重 w_i，图 G 的最小加权顶点覆盖问题是找出一个顶点覆盖使得在其中的顶点权重和最小。最小加权顶点覆盖问题可以用如下的整数规划形式来描述：

$$\min \sum_{v_i \in V_t} x_i w_i \qquad (3.4)$$

$$\text{s.t.} \ \ x_i + x_j \geqslant 1, \forall (v_i, v_j) \in E_g \qquad (3.5)$$

$$x_i, x_j \in \{0,1\}, \forall v_i, v_j \in V_t \qquad (3.6)$$

其中，公式（3.4）为目标函数，即寻找一个顶点覆盖使得在其中的顶点权重和最小，公式（3.5）保证每条边至少有一个端点在候选解中，使得边 (v_i, v_j) 被候选解覆盖，公式（3.6）明确约束变量的取值范围。

图 3.2 给出了一个最小加权顶点覆盖的例子，图 3.2 由 7 个顶点、8 条边构成，每个顶点有一个正整数权值，即图中的每个顶点的 w 值。顶点子集 $\{1,3,5\}$ 中的顶点的权重和为 105，顶点子集 $\{2,3,4,5\}$ 中顶点的权重和为 112，它们都是图 3.2 的顶点覆盖。顶点子集 $\{1,2,5,6,7\}$ 也是图 3.2 的一个顶点覆盖，该子集中的顶点的权重和为 15，所以该子集是图 3.2 的最小加权顶点覆盖。因此，对于最小加权顶点覆盖问题，并不是解中含有顶点个数越少解的质量越高。

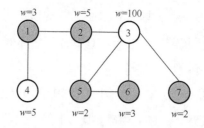

图 3.2　最小加权顶点覆盖 $\{1,2,5,6,7\}$

3.2　边加权打分策略

边加权策略是一种有效的跳出局部最优的技术，在最小顶点覆盖问题的局部搜索算法中得到了广泛应用[49,51,53-54]。然而，据我们所知，边加权策略很少被应用到最小加权顶点覆盖问题的求解中。

本章提出的局部搜索算法结合了边加权策略。每条边 $e \in E_g$ 都对应一个非负整数 $w_e(e)$ 作为该边的权值。边权值的更新规则为：在初始化过程中，对于每条边 $e \in E_g$，算法将 $w_e(e)$ 初始为 1；在局部搜索过程每次迭代结束时，对每条未覆盖的边 e 的权重 $w_e(e)$ 增加 1。

基于边加权策略，我们定义了每个候选解 C 的代价函数，并定义为 $\mathrm{cost}(C)$，具体定义如下：

$$\mathrm{cost}(C) = \sum_{\mathrm{cover}(e,C)=\mathrm{false} \wedge e \in E_g} w_e(e) \tag{3.7}$$

式中，布尔函数 $\mathrm{cover}(e,C)$ 表示边 $e \in E_g$ 是否被候选解 C 覆盖。$\mathrm{cover}(e,C)$ 值为真（true）表示边 e 被候选解 C 覆盖，$\mathrm{cover}(e,C)$ 值为假（false）表示边 e 未被候选解 C 覆盖。$\mathrm{cost}(C)$ 为未被覆盖边的权重和，用来衡量候选解 C 的质量，$\mathrm{cost}(C)$ 值越小，说明候选解 C 的质量越好。对于每个顶点，本章提出了一个顶点打分函数，它考虑了代价函数和顶点权重的变化。对于顶点 v，其打分函数定义如下：

$$\mathrm{score}(v) = \frac{\mathrm{cost}(C) - \mathrm{cost}(C')}{w(v)} \tag{3.8}$$

其中，如果 $v \in C$，则 $C' = C \setminus \{v\}$；否则 $C' = C \cup \{v\}$，$w(v)$ 为顶点 v 的权重。$\mathrm{score}(v)$ 值为改变顶点 v 的状态后的收益，该打分函数同时考虑了候选解的评估函数值和顶点的权重。很显然，如果 $v \in C$，则 $\mathrm{score}(v) \leq 0$；否则，$\mathrm{score}(v) \geq 0$。

3.3　初始化过程

目前，约简规则在处理超大规模实例时被证明是有效的[158-159]。对于最小顶点覆盖问题，约简规则已经被提出并成功应用[44,47,67,160]。在此基础上，我们提出了四种约简规则，并将其用于后续搜索过程的初始解。这些规则可以看作是最小顶点覆盖问题约简规则的加权版本，首次在最小加权顶点覆盖问题的局部搜索中使用。

3.3.1　约简规则

下面的四个约简规则将用于构造过程中处理小度数的顶点。

（1）Weighted-Degree-1 Rule：如果图 G 中存在一个顶点 u，满足 $N(u)=\{v\}$ 且 $w(u)>w(v)$，则图 G 的最小加权顶点覆盖包含顶点 v。

（2）Weighted-Degree-2 with Triangle-1 Rule：如果图 G 中存在一个顶点 v，满足 $N(v)=\{n_1,n_2\}$，$\{n_1,n_2\}\in E_g$ 且 $w(v)>w(n_1)+w(n_2)$，则图 G 的最小加权顶点覆盖同时包含顶点 n_1 和 n_2。

（3）Weighted-Degree-2 with Triangle-2 Rule：如果图 G 中存在一个顶点 v，满足 $N(v)=\{n_1,n_2\}$，$N(n_1)=\{v,n_2\}$ 且 $w(v)>w(n_1)$，则图 G 的最小加权顶点覆盖包含顶点 n_1。

（4）Weighted-Degree-2 with Quadrilateral Rule：如果图 G 中存在两个顶点 u 和 v，满足 $N(u)=N(v)=\{n_1,n_2\}$，$\{n_1,n_2\}\notin E_g$ 且 $w(u)+w(v)\geqslant w(n_1)+w(n_2)$，则图 G 的最小加权顶点覆盖同时包含顶点 n_1 和 n_2。

尽管最小加权顶点覆盖问题的约简规则是受到最小顶点覆盖问题的约简规则的启发，但其扩展并不简单，需要仔细思考。最重要的是，最小加权顶点覆盖问题的约简规则额外包含了一个用于处理权重的加权约束，因此更加复杂。我们还注意到，Weighted-Degree-2 with Triangle-2 Rule 启发于一篇理论论文[39]，据我们所知，该规则尚未应用于局部搜索算法求解最小加权顶点覆盖问题。

3.3.2　基于约简规则的初始化方法

NuMWVC 算法从构造初始解开始，算法 3.1 为初始解构造过程。受到文献[55]的启发，构造过程也包括约简阶段（第 2～7 行）、扩展阶段（第 8～12 行）和收缩阶段（第 13 行）。在第 1 行中，候选解 C 被初始化为空集。从第 2 行到第 7 行为约简阶段，使用所提出的约简规则将最优解中一定存在的顶点放入候选解 C 中，不断循环直到没有规则被满足。第 8 和 12 行为扩展阶段，该阶段检查每条边是否被覆盖，如果存在未被覆盖的边，则将该边两个端点中分数较高的顶点加入候选解中，完成对该边的覆盖，从而将候选解 C 扩展为图 G 的一个加权顶点覆盖。通过该扩展阶段，算法可以得到一个最小加权顶点覆盖问题的可行解。在收缩阶段（第 13 行），从候选解 C 中删除冗余的顶点，方法类似于文献[55]。

算法 3.1　初始解构造算法

Construct WVC( )

Input: a graph $G = (V_t, E_g, w)$

Output: an initial minimum vertex cover C of G

---

1. $C \leftarrow \varnothing$;

2. **while** any rule is satisfied **do**

3. 　　Repeatedly execute Weighted_Degree_1 Rule until it is not satisfied;

4. 　　Repeatedly execute Weighted_Degree_2 with Triangle_1 Rule until it is not satisfied;

5. 　　Repeatedly execute Weighted_Degree_2 with Triangle_2 Rule until it is not satisfied;

6. 　　Repeatedly execute Weighted_Degree_2 with Quadrilateral Rule until it is not satisfied;

7. **end while**

8. **for** $e \in E_g$ **do**

9. 　　**if** e is uncovered **then**

10. 　　　add the endpoint of e with higher score into C ;

11. 　　**end if**

12.**end for**

13. remove redundant vertices out of C ;

14. **return** C

通过上述的构造过程，如果顶点 v 满足某一约简规则并被加入候选解 C 中，则最优解中一定存在该顶点，我们称这种类型的顶点为推断加权顶点。在后面的局部搜索过程中，不允许从候选解中删除这些推断加权顶点。

3.4　带有特赦准则的格局检测策略

循环搜索是局部搜索算法需要解决的一个很重要的问题，即在搜索过程中重复搜索以前访问过的解。如果能有效减少循环搜索，算法的效率将会有很大的提高。中国科学院软件研究所蔡少伟研究员于 2011 年首次提出格局检测（configuration checking, CC）策略，并将该策略用于求解最小顶点覆盖问题的局部搜索算法中，以减少循环问题[51]。目前格局检测策略已成功应用于多种组合优化问题，如集合覆盖问题[161]、SAT 问题[139,163-164]、MaxSAT 问题[164]、MinSAT 问题[165]、最大加权团问题[94]和支配集问题[92,166-167]等。

3.4.1 格局检测策略

原始格局检测策略的思想可描述如下。给定一个顶点 v，它的格局指的是它所有邻居顶点的状态。如果顶点 v 的格局自该点移除候选解后没有发生改变，则禁止该点添加到候选解中。格局检测策略的实现通常用一个布尔数组 config 表示。如果 $config(v)=1$ 表示顶点 v 允许加入候选解，$config(v)=0$ 表示顶点 v 禁止加入候选解。数组 config 的更新规则如下。

（1）CC_Rule1：在初始化阶段，对于每个顶点 $v \in V_t$，$config(v)=1$。

（2）CC_Rule2：当从候选解中删除顶点 $v \in C$ 时，$config(v)=0$，对于顶点 v 的每个邻居 $u \in N(v)$，$config(u)=1$。

（3）CC_Rule3：当向候选解中加入顶点 $v \notin C$ 时，对于顶点 v 的每个邻居 $u \in N(v)$，$config(u)=1$。

3.4.2 基于特赦准则的顶点选择策略

选择哪个顶点加入或移除候选解对局部搜索算法起着至关重要的作用。原始的 CC 策略在选择顶点加入候选解时，禁止将格局没有改变的顶点添加到候选解中[51,53]。在本章，将 CC 策略结合特赦准则得到了带有特赦准则的格局检测（configuration checking with aspiration, CCA）策略。具体地，对于顶点 v，如果将 v 加入候选解中，得到的解优于当前找到的最优解，那么无论顶点 v 是否满足 CC 准则，都将 v 加入候选解中。当存在多个这样的顶点时，我们选择分数最大的顶点；当不存在这样的顶点时，算法才会考虑 config 值为 1 的顶点加入。在上述 CCA

策略的基础上，对顶点选择方法进行了如下描述。

（1）Remove-Rule：从候选解中移除一个顶点 v，该点应不是推断加权顶点，且是分数最高的顶点，如果有多个满足条件的顶点则选择年龄最大的顶点。其中年龄表示顶点移除候选解后所经历的迭代次数。移除顶点 v 后，更新 v 及其邻居的 config 值，即 $config(v)=0$，$config(u)=1$，其中 $u \in N(v)$。

（2）Add-Rule：如果存在满足特赦准则的顶点，则选择其中分数最高的顶点 v 加入候选解；否则选择 config 值为 1 且分数最高的顶点加入。在任何一种情况下，如果有多个顶点可选，则选择年龄最大的顶点。添加顶点 v 后，更新 v 邻居的 config 值，即 $config(u)=1$，其中 $u \in N(v)$。

总之，原始的 CC 策略只允许自上次移除候选解后格局发生改变的顶点再次加入候选解中，而 CCA 策略允许顶点 v 加入候选解，加入顶点 v 后可提高当前找到的最优解，即使 v 的格局没有发生变化。

3.4.3　讨论

为什么 CCA 策略可以用于最小加权顶点覆盖问题的求解？

求解最小顶点覆盖问题使用的 CC 策略没有使用任何特赦机制[51,53]。这些求解最小顶点覆盖问题的局部搜索算法在每一次迭代搜索过程中维护的是一个不可行解，在该不可行解的基础上搜索一个顶点覆盖。因此，对于某个顶点，向候选解中加入该顶点后无法确定是否会找到一个更好的候选解，因为在每一次迭代的最后，算法不能得到一个可行解。从这个意义上说，很难定义一个特赦机制，因为我们不确定加入哪个顶点"绝对"会导致更好的候选解。

本章求解最小加权顶点覆盖问题的局部搜索算法和求解最小顶点覆盖问题的情况不同。本章的局部搜索算法 NuMWVC 在每一次迭代搜索过程中从一个顶点覆盖开始，首先从候选解中删除一些顶点，然后再加入一些顶点，直到再次成为一个顶点覆盖（冗余的顶点在每一次迭代结束时被删除）。在向候选解中加入顶点的过程，我们可以直接知道加入某个顶点是否会找到一个顶点覆盖，并且可以测试得到的顶点覆盖是否会比找到的最好的解更好。因此，我们可以很容易地确定

一个顶点子集 $A = \{v \mid v \notin C \wedge \mathrm{cost}(C \cup \{v\}) = 0 \wedge w(C \cup \{v\}) < w(C^*)\}$。向候选解中加入集合 A 中的任意顶点得到的候选解都要优于当前找到的最优解，此时这样的顶点就应该直接加入候选解中，无论其 config 值是否为 1。

本章提出的 CCA 策略和现有 CCA 策略有何不同？

尽管在 SAT 问题的求解中使用了 CCA 策略[139]，但本章中的 CCA 策略与 SAT 问题求解中的 CCA 策略有本质区别。为了更清晰地描述，我们将 SAT 问题求解中使用的 CCA 策略表示为 CCA0。CCA0 策略首先倾向于 config 值为 1 且分数为正数的变量，只有当没有 config 值 1 且分数为正数的变量时，才会选择 config 值为 0 且分数为正数的变量，这就是相对应的特赦准则。因此，在 CCA0 中，CC 策略的优先级要高于特赦准则。但本章的 CCA 策略中，特赦准则的优先级要高于 CC 策略。具体来说，对于顶点 v，如果将 v 加入候选解中得到的候选解优于当前最优解，则无论该顶点的 config 值是否为 1，该顶点都会被加入候选解。只有当不存在这样的顶点时，算法才会选择 config 值为 1 的顶点加入候选解。

3.5　NuMWVC 算法的描述

在本节我们提出一个局部搜索算法 NuMWVC 求解最小加权顶点覆盖问题。除了采用 CCA 策略之外，该算法还采用自适应顶点删除策略（self-adaptive vertex removing, SAVR）来决定每一步要删除的顶点数量。

3.5.1　自适应顶点删除策略

一般现有的最小顶点覆盖问题的局部搜索算法框架中，一旦找到一个 k 大小的顶点覆盖 C，算法从 C 中移除一个顶点，接下来专注于搜索一个 $k-1$ 大小的顶点覆盖。通过这种方法，局部搜索算法迭代地逐步找到更好的解。

首先讨论每次移除一个顶点存在的缺点。通常，在局部搜索过程的早期，候选解与最优解相差甚远。在这一阶段，局部搜索算法应该以大的步长进行搜索，寻找更小的顶点覆盖，而不是一步一步地优化当前候选解。这样可以节省一些时间，算法能够很快搜索到最优解附近的候选解。在局部搜索过程的后期，候选解接近于最优解，但在删除顶点时要小心，因为删除太多的顶点可能会错过最优解。在这一阶段，局部搜索算法应该以小的步长向前搜索。

基于上述考虑，本章提出了一种自适应顶点删除策略。算法 3.2 具体给出了自适应顶点删除策略。在局部搜索算法的早期，每次迭代过程中算法移除 remove_num 个顶点。随着搜索的进行，如果连续 β 次迭代没有找到更好的解，则 remove_num 的值将减小 1。此外，由于在每一步中至少移除一个顶点，算法需要保证移除 remove_num $\geqslant 1$。在本章的实验中，remove_num 初始值设置为 3，β 初始值设置为 50。

算法 3.2　自适应顶点删除策略

Self_adaptive_vertex_removing( )

---
1. **if** No_improve $=\beta$ and remove_num $\neq 1$ **then**
2. 　　　remove_num− −;
3. **end if**
4. **for** $i=0$; $i<$remove_num; $i++$ **do**
5. 　　　remove v according to Remove_Rule;
6. **end for**

3.5.2　NuMWVC 算法框架

在上述策略的基础上，我们设计了局部搜索算法 NuMWVC 求解最小加权顶点覆盖问题。NuMWVC 算法的伪代码如算法 3.3 所示。该算法分为两个阶段：构造阶段（第 1 行）和局部搜索阶段（第 4～15 行）。在算法的开始，用 3.3.2 节介绍的 Construct WVC 过程构造一个初始加权顶点覆盖 C。最优解 C^* 初始为候选解 C，参数 No_improve 初始为 0。

初始化过程结束后，执行外层循环（第 4～15 行），直到达到给定的运行时间为止。在每一次迭代中，算法首先从候选解中删除一些顶点（第 5 行）。删除的顶点数量由自适应顶点删除策略决定，删除的顶点的选择依据 3.4.2 节介绍的顶点移除规则 Remove-Rule。

　　删除过程结束后，NuMWVC 算法根据顶点加入规则 Add-Rule 选择相应的顶点加入候选解 C 中，直到候选解覆盖所有的边，然后将冗余的顶点从候选解中删除（第6～9行）。如果找到一个更好的解，即 $w(C) < w(C^*)$，那么 C^* 将被更新为 C，No_improve 的值被重置为 0；否则，No_improve++（第 10～14 行）。当停止条件满足时，算法返回当前最优解（第 16 行）。

算法 3.3　　NuMWVC 算法框架

NuMWVC( )

Input: a graph $G = (V_t, E_g, w)$

Output: a vertex cover C of G

---

1. $C \leftarrow$ ConstructWVC();

2. $C^* \leftarrow C$;

3. No_improve $\leftarrow$ 0;

4. **while** stop criterion is not satisfied **do**

5. 　　Self_adaptive_vertex_removing( );

6. 　　**while** C uncovers some edges **do**

7. 　　　　add v according to Add_Rule;

8. 　　**end while**

9. 　　remove redundant vertices out of C;

10. 　　**if** $w(C) < w(C^*)$ **then**

11. 　　　　$C^* \leftarrow C$;

12. 　　　　No_improve $\leftarrow$ 0;

13. 　　**else** No_improve++;

14. 　　**end if**

15. **end while**

16. **return** C^*

3.6　实　验　分　析

本节主要对本章提出的算法和其他现有求解最小加权顶点覆盖问题的算法进行比较，从而说明本章算法的有效性。本节先介绍几组基准实例，即小规模实例、中等规模实例、大规模实例[72]、DIMACS 实例[168]、BHOSLIB 实例[169]、超大规模实例[170]和实际问题实例[25]。然后介绍现有求解最小加权顶点覆盖问题较好的算法，包括多重启迭代禁忌搜索算法、基于动态打分策略和加权格局检测策略的局部搜索算法、基于加强格局检测策略和多选择最优启发式的局部搜索算法。接下来将 NuMWVC 算法和三个对比算法在基准实例上做比较。最后从实验的角度证明约简规则、带有特赦准则的格局检测策略和自适应顶点删除策略的有效性。

3.6.1　基准实例

在文献[72]中，作者测试了 SPI、MPI 和 LPI 三组基准实例，这三组实例是根据其顶点数 n 进行分类的。SPI 组实例是一类小规模问题实例（small-scale problem instances, SPI），其顶点数 n 取值范围为{10, 15, 20, 25}。MPI 组实例是一类中等规模问题实例（moderate-scale problem instances, MPI），顶点数 n 取值范围为{50, 100, 150, 200, 250, 300}。LPI 组实例是一类大规模问题实例（large-scale problem instances, LPI），其顶点数 n 取值范围为{500, 800, 1000}。DIMACS 组基准实例取自于第二届 DIMACS 挑战赛（1992~1993 年）。这些 DIMACS 实例是由编码理论和凯勒猜想等现实问题生成的。DIMACS 基准实例最早被用于测试最小顶点覆盖问题求解算法。BHOSLIB 组基准实例（隐藏最佳解决方案的基准测试实例）是一组比较难求解的随机基准测试实例，源于 SAT'04 比赛。BHOSLIB 组实例隐藏最优解，并以其求解困难而闻名，在最近的文献中，它们被广泛用于测试最小顶点覆盖问题求解算法。超大规模实例是从网络数据库里收集大量的图，顶点数 n 的值大于 1000，甚至大于百万。其中一些基准测试实例最近被广泛用于测试最大团问题和图着色问题。实际问题实例是地图标注问题实例，该问题可以建模为最大加权独立集问题，并将其转化为最小加权顶点覆盖问题[25]。

对于 SPI、MPI 和 LPI 组实例，我们只报告顶点数超过 500 的 LPI 实例的解，省略了顶点数少于 300 的实例及求解起来较容易的 SPI 和 MPI 实例。对于 DIMACS 实例，我们没有列出对比法都能轻松找到最优解的实例，列出了求解相对比较困难的实例。对于 BHOSLIB 实例，我们给出了两组最大实例的实验结果。本章使用与文献[72]相同的方法将 BHOSLIB 实例、DIMACS 实例和超大规模实例转化为顶点加权图。每个顶点的权重从区间[20, 100]之中随机选取。

3.6.2　对比算法介绍

为了测试 NuMWVC 算法的性能，本章选择多重启迭代禁忌搜索算法[78-79]、基于动态打分策略和加权格局检测策略的局部搜索算法[80]来代表求解最小加权顶点覆盖问题的最优算法。本章还选择了基于加强格局检测策略和多选择最优启发式的局部搜索算法[94]来代表求解最大加权团问题的最先进算法，用该算法来求解最小加权顶点覆盖问题实例对应补图的最大加权团问题。下面对每个算法进行介绍。

（1）多重启迭代禁忌搜索（multi-start iterated tabu search, MS-ITS）算法：该算法采用了多重启机制和禁忌策略，并融入了一个新颖的邻居构造过程和快速评估策略。

（2）基于动态打分策略和加权格局检测策略的局部搜索算法：该算法使用边加权机制实现了动态打分策略使得算法能够跳出局部最优，使用加权格局检测策略来避免循环搜索现象，结合动态打分策略和加权格局检测策略实现了顶点选择策略。

（3）基于加强格局检测策略和多选择最优启发式的局部搜索算法（local search algorithm with strong configuration checking and best from multiple selection heuristic, LSCC+BPS）：该算法中有两个启发式策略，其一为加强格局检测策略，用于避免循环搜索，其二为多选择最优机制，能够很好地平衡解的质量和时间代价。

NuMWVC 算法、DLSWCC 算法和 LSCC+BPS 都是用 C 语言实现的，由 GNU g++4.6.2 用-O2 选项编译。MS-ITS 算法是用 JAVA 语言实现，由 Zhou 等[78] 提供源代码。所有算法都在配置为 Intel® Xeon®E7-4830 CPU（2.13GHz）的计算机上执行。对于每个实例，每个算法使用不同的随机种子独立执行 20 次，每次运行终止条件为达到给定的时间限制（1000s）。

对于每个算法在每个实例上，我们给出了 20 次运行的最优解（'Best'），20 次运行的平均解（'Avg'）和找到最优解的平均时间（'Time'）。如果算法由于数据结构不合理或超时无法给出有效的初始解，则对应的结果标记为"N/A"。本章各表中粗体表示在几个对比算法中得到的较优的解。

3.6.3　LPI、BHOSLIB 和 DIMACS 组实验结果

为验证 NuMWVC 算法的有效性，我们将 NuMWVC 算法与现有最好的算法进行性能对比。本节主要对比在 LPI、BHOSLIB 和 DIMACS 三组实例上算法找到的最优解、平均解和运行时间，实验结果如表 3.1 所示。从该表中可以看出，NuMWVC 算法和 DLSWCC 算法在这些基准测试中明显优于其对比算法 MS-ITS 算法和 LSCC+BPS。对比 NuMWVC 算法和 DLSWCC 算法可以发现，NuMWVC 算法略优于 DLSWCC 算法。对于最优解，NuMWVC 算法在大多数实例上找到比 MS-ITS 算法和 LSCC+BPS 更好的解，NuMWVC 算法在 3 个实例上找到比 DLSWCC 算法更好的解，DLSWCC 算法也可以在 3 个实例上找到比 NuMWVC 算法更好的解。对于平均解而言，除了"800×5000"和"C2000.5"两个实例外，NuMWVC 算法在其他实例上获得的平均解都要优于 MS-ITS 算法和 LSCC+BPS 获得的平均解；除了"1000×10000""1000×20000""C2000.9""frb59-26-4"这 4 个实例外，NuMWVC 算法在其他实例上获得的平均解都要优于 DLSWCC 算法获得的平均解。显然，对于稀疏图，LSCC+BPS 的求解效果并不是很好。此外，在大多数实例上 NuMWVC 算法比 MS-ITS 算法和 DLSWCC 算法能够更快找到最优解，尤其是对于规模相对较大的实例。

表 3.1　MS-ITS 算法、LSCC+BPS 算法、DLSWCC 算法和 NuMWVC 算法求解解 LPI、BHOSLIB、DIMACS 实例实验结果

实例名称	MS-ITS			LSCC+BPS			DLSWCC			NuMWVC		
	最优解	平均解	运行时间/s	最优解	平均解	运行时间/s	最优解	平均解	运行时间/s	最优解	平均解	运行时间/s
500×500	12623	12635.0	3.1	12616	12726.5	950.2	12616	12616.0	5.2	12616	12616.0	0.4
500×1000	16480	16483.1	9.3	16465	16566.3	900.0	16465	16465.0	0.8	16465	16465.0	1.1
500×2000	20863	20866.9	9.6	20863	21296.1	900.4	20863	20866.2	11.0	20863	20863.0	1.2
500×5000	27241	27241.0	9.1	27241	27537.6	909.8	27241	27241.0	5.3	27241	27241.0	1.4
500×10000	29573	29573.0	36.3	29573	30036.5	900.3	29573	29573.0	14.9	29573	29573.0	0.6
800×500	15046	15054.1	6.7	15025	15113.7	901.1	15025	15025.0	0.4	15025	15025.0	0.8
800×1000	22760	22760.0	14.0	22755	23027.4	997.1	22747	22747.0	1.6	22747	22747.0	0.6
800×2000	31309	31345.7	41.0	31320	31795.9	963.6	31301	31305.0	1.7	31287	31301.7	9.0
800×5000	38553	38557.1	67.1	38553	39337.0	962.7	38553	38569.1	2.8	38553	38566.0	9.4
800×10000	44351	44359.9	93.8	44351	44854.8	900.0	44351	44353.9	0.8	44351	44353.0	4.4
1000×1000	24735	24766.1	19.3	24732	25307.3	937.6	24723	24723.0	5.5	24723	24723.0	0.7
1000×5000	45230	45256.9	113.7	45291	46424.4	943.5	45203	45238.9	7.9	45215	45238.9	6.5
1000×10000	51378	51423.0	209.7	51401	52595.6	983.7	51378	51380.4	9.7	51378	51387.1	8.4
1000×15000	58014	58068.9	242.1	57999	58623.6	970.1	57994	57995.0	7.1	57994	57994.5	7.0
1000×20000	59675	59719.9	243.3	59651	60079.6	948.2	59651	59655.3	3.3	59651	59669.5	9.9
C2000.5	119598	119598.0	5248.2	119653	119713.2	999.9	119598	119629.5	700.6	119598	119620.9	179.7
C2000.9	114645	114695.8	1814.8	114812	114980.7	999.7	114544	114577.1	63.6	114515	114582.4	33.4

续表

实例名称	MS-ITS			LSCC+BPS			DLSWCC			NuMWVC		
	最优解	平均解	运行时间/s	最优解	平均解	运行时间/s	最优解	平均解	运行时间/s	最优解	平均解	运行时间/s
MANN-a27	13300	13303.4	2.9	13270	13484.0	999.8	13252	13252.0	2.4	13252	13252.0	0.8
MANN-a45	35132	35147.2	0.7	35133	35362.8	997.9	35090	35090.0	2.3	35090	35090.0	0.9
MANN-a81	109068	109068.0	3.2	109083	109285.9	977.9	109068	109068.0	0.1	109068	109068.0	0.0
keller6	196830	196858.0	13161.8	197105	197278.4	999.6	196596	196670.6	702.7	196596	196667.9	106.5
p-hat1500-1	88694	88694.0	83.8	88723	88730.4	999.9	88694	88694.0	420.4	88694	88694.0	2.6
p-hat1500-2	85251	85251.0	26.9	85258	85288.2	999.9	85251	85251.0	175.6	85251	85251.0	3.0
p-hat1500-3	83449	83449.0	16.7	83449	83571.0	999.8	83449	83449.0	42.1	83449	83449.0	2.0
frb56-25-1	78944	78944.0	439.4	79069	79218.2	999.8	78944	78952.4	28.0	78944	78944.0	9.6
frb56-25-2	78435	78462.2	507.9	78616	78726.1	999.7	78422	78446.6	32.2	78422	78430.8	23.0
frb56-25-3	79636	79663.2	913.3	79745	79915.7	999.9	79600	79635.3	30.2	79600	79621.6	13.0
frb56-25-4	79631	79653.2	645.1	79759	79905.5	999.8	79611	79629.5	25.0	79611	79627.7	17.9
frb56-25-5	79913	79919.0	629.2	80060	80188.999	999.8	79913	79922.9	33.3	79906	79915.0	19.3
frb59-26-1	86531	86538.0	1238.4	86705	86733.8	999.8	86480	86518.3	34.2	86504	86512.1	15.8
frb59-26-2	87759	87838.6	786.6	87942	88037.1	999.7	87759	87768.3	41.1	87759	87766.9	15.6
frb59-26-3	88677	88705.8	1099.3	88825	89074.8	999.7	88641	88687.3	36.6	88642	88679.0	23.0
frb59-26-4	87136	87161.6	1059.3	87303	87569.6	999.8	87136	87142.6	29.9	87136	87151.6	21.8
frb59-26-5	87883	87935.4	663.9	87981	88134.1	999.8	87871	87907.9	32.5	87871	87892.1	19.7

　　另外，图 3.3 给出了在 LPI、BHOSLIB 和 DIMACS 实例上 NuMWVC 算法
与 DLSWCC 算法相比得到的优、劣、相等解的个数。如图 3.3（a）所示，在这
34 个实例上，本章提出的 NuMWVC 算法能够获得 3 个（9%）优于、3 个（9%）
劣于和 28 个（82%）等于 DLSWCC 算法获得的最优解。如图 3.3（b）所示，对
于平均解，NuMWVC 算法能够获得 16 个（47%）优于、4 个（12%）劣于和 14
个（41%）等于 DLSWCC 算法获得的平均解。

　　总的来说，在最优解方面，本章提出的 NuMWVC 算法和 DLSWCC 算法要
明显优于 MS-ITS 算法和 LSCC+BPS。在平均解方面，NuMWVC 算法明显优于其
他三个对比算法。在求解时间上，NuMWVC 算法在大多数实例上要快于其他对
比算法。

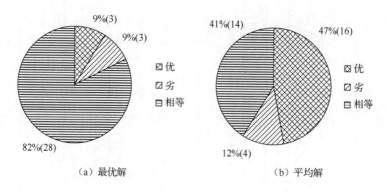

（a）最优解　　　　　　　　　　　　　（b）平均解

图 3.3　NuMWVC 算法和 DLSWCC 算法在 LPI、BHOSLIB 和 DIMACS 实例的对比

3.6.4　超大规模实例实验结果

　　由于超大规模实例都是非常稀疏的图，LSCC+BPS 几乎无法求解其对应的补
图。因此，对于该组实例，本章只对比了 MS-ITS 算法和 DLSWCC 算法。超大规
模实例的对比实验结果如表 3.2 所示。从该表中可以看出，在 86 个实例上 MS-ITS
算法只能在 27 个实例上可找到可行解。对于这 27 个实例，NuMWVC 算法可以
获得比 MS-ITS 算法更好或相等的最优解。此外，在 86 个实例中 DLSWCC 算法
在 56 个实例上可找到可行解。对于这 56 个实例，NuMWVC 算法在 54 个实例上
可以比 DLSWCC 算法获得更好或相等的最优解，DLSWCC 算法只能在 2 个实例

表 3.2 MS-ITS 算法、DLSWCC 算法和 NuMWVC 算法求解超大规模实例实验结果

实例名称	顶点数	边数	MS-ITS			DLSWCC			NuMWVC		
			最优解	平均解	运行时间/s	最优解	平均解	运行时间/s	最优解	平均解	运行时间/s
bio-dmela	7393	25569	149452	149556.8	2126.4	148508	148540.4	135.4	**148499**	**148502.4**	37.7
bio-yeast	1458	1948	24269	24290.0	53.9	**24265**	**24265.0**	3.8	**24265**	**24265.0**	1.6
ca-AstroPh	17903	196972	662655	662926.5	16156.9	646529	647019.1	420.9	**645000**	**645070.6**	543.7
ca-citeseer	227320	814134	N/A	N/A	N/A	7048010	7048225.5	792.4	**7029398**	**7031461.2**	236.9
ca-coauthors-dblp	540486	15245729	N/A	N/A	N/A	N/A	N/A	N/A	**27113616**	**27124354.3**	992.5
ca-CondMat	21363	91286	704287	704798.5	9860.3	685813	686344.3	489.2	**683659**	**683745.7**	723.7
ca-CSphd	1882	1740	29550	29609.8	1.2	**29390**	**29390.0**	3.7	**29390**	**29390.0**	0.4
ca-dblp-2010	226413	716460	N/A	N/A	N/A	6618986	6619251.8	496.9	**6600741**	**6601770.0**	240.2
ca-dblp-2012	317080	1049866	N/A	N/A	N/A	8986085	8986982.4	1106.3	**8962345**	**8963590.6**	393.3
ca-Erdos992	6100	7515	28303	28303.0	8.4	**28298**	**28298.0**	0.2	**28298**	**28298.0**	0.3
ca-GrQc	4158	13422	122330	122331.5	674.0	122278	122332.5	95.5	**122250**	**122254.3**	35.0
ca-HepPh	11204	117619	372836	373069.8	10475.3	365251	365530.8	308.7	**363976**	**364001.4**	272.1
ca-hollywood-2009	1069126	56306653	N/A	N/A	N/A	N/A	N/A	N/A	**48969670**	**48973837.1**	971.6
ca-MathSciNet	332689	820644	N/A	N/A	N/A	7668338	7668818.0	838.2	**7637056**	**7637594.9**	306.7
ia-email-EU	32430	54397	N/A	N/A	N/A	**48269**	**48269.0**	6.0	**48269**	**48269.0**	0.5
ia-email-univ	1133	5451	**32931**	32933.0	91.7	**32931**	**32931.0**	1.5	**32931**	**32931.0**	1.3
ia-enron-large	33696	180811	N/A	N/A	N/A	695112	695294.8	774.0	**691571**	**691651.7**	971.0

续表

实例名称	顶点数	边数	MS-ITS			DLSWCC			NuMWVC		
			最优解	平均解	运行时间/s	最优解	平均解	运行时间/s	最优解	平均解	运行时间/s
ia-fb-messages	1266	6451	**32300**	32316.5	44.5	**32300**	32300.1	2.3	32300	32300.0	0.7
ia-reality	6809	7680	**4894**	**4894.0**	10.4	**4894**	**4894.0**	0.0	4894	4894.0	0.0
ia-wiki-Talk	92117	360767	N/A	N/A	N/A	962030	962194.9	1194.7	953079	953135.6	984.1
inf-power	4941	6594	121386	121503.3	993.3	120116	120146.5	110.4	120083	120093.7	37.8
inf-roadNet-CA	1957027	2760388	N/A	N/A	N/A	N/A	N/A	N/A	58200545	58246127.5	998.1
inf-roadNet-PA	1087562	1541514	N/A	N/A	N/A	N/A	N/A	N/A	32004664	32053911.3	999.1
rec-amazon	91813	125704	N/A	N/A	N/A	2629821	2630671.0	1195.3	2614369	2615387.0	37.2
sc-ldoor	952203	20770807	N/A	N/A	N/A	N/A	N/A	N/A	49468843	49482118.7	989.7
sc-msdoor	415863	9378650	N/A	N/A	N/A	N/A	N/A	N/A	22014986	22022183.9	782.5
sc-nasasrb	54870	1311227	N/A	N/A	N/A	3004611	3005889.1	1021.6	2999302	3000299.7	999.2
sc-pkustk11	87804	2565054	N/A	N/A	N/A	N/A	N/A	N/A	4883668	4884546.0	54.4
sc-pkustk13	94893	3260967	N/A	N/A	N/A	N/A	N/A	N/A	5187461	5188320.6	28.1
sc-pwtk	217891	5653221	N/A	N/A	N/A	N/A	N/A	N/A	12128684	12136111.9	669.5
sc-shipsec1	140385	1707759	N/A	N/A	N/A	6843870	6844747.6	2056.5	6805463	6808142.1	336.9
sc-shipsec5	179104	2200076	N/A	N/A	N/A	N/A	N/A	N/A	8505853	8511135.0	692.4
soc-BlogCatalog	88784	2093195	N/A	N/A	N/A	N/A	N/A	N/A	1174568	1175283.8	706.6
soc-brightkite	56739	212945	N/A	N/A	N/A	1187631	1187962.3	1162.3	1174634	1174997.4	982.4

续表

实例名称	顶点数	边数	MS-ITS 最优解	MS-ITS 平均解	MS-ITS 运行时间/s	DLSWCC 最优解	DLSWCC 平均解	DLSWCC 运行时间/s	NuMWVC 最优解	NuMWVC 平均解	NuMWVC 运行时间/s
soc-buzznet	101163	2763066	N/A	N/A	N/A	N/A	N/A	N/A	1737874	1739660.0	989.8
soc-delicious	536108	1365961	N/A	N/A	N/A	4957627	4958206.4	1720.6	4913722	4926734.0	996.0
soc-digg	770799	5907132	N/A	N/A	N/A	N/A	N/A	N/A	5953253	5954478.7	645.8
soc-douban	154908	327162	N/A	N/A	N/A	515270	515288.1	1111.1	515270	515270.0	13.6
soc-epinions	26588	100120	N/A	N/A	N/A	539569	539915.5	593.2	535279	535334.1	725.1
soc-flickr	513969	3190452	N/A	N/A	N/A	N/A	N/A	N/A	8574908	8576170.8	548.1
soc-flixster	2523386	7918801	N/A	N/A	N/A	N/A	N/A	N/A	5700669	5700066.7	89.8
soc-FourSquare	639014	3214986	N/A	N/A	N/A	N/A	N/A	N/A	5286968	5288261.5	204.6
soc-gowalla	196591	950327	N/A	N/A	N/A	4729181	4729405.5	909.9	4712393	4713046.2	169.0
soc-lastfm	1191805	4519330	N/A	N/A	N/A	N/A	N/A	N/A	4647964	4648526.2	162.3
soc-livejournal	4033137	27933062	N/A	N/A	N/A	N/A	N/A	N/A	109452822	109477352.5	977.7
soc-LiveMocha	104103	2193083	N/A	N/A	N/A	N/A	N/A	N/A	2486310	2487190.1	962.2
soc-pokec	1632803	22301964	N/A	N/A	N/A	N/A	N/A	N/A	52089306	52174954.5	984.7
soc-slashdot	70068	358647	N/A	N/A	N/A	1247682	1248151.4	1182.4	1233605	1233761.6	997.0
soc-twitter-follows	404719	713319	N/A	N/A	N/A	135811	135811.0	314.7	135811	135811.0	2.5
soc-youtube	495957	1936748	N/A	N/A	N/A	N/A	N/A	N/A	8091047	8092993.7	822.1
soc-youtube-snap	1134890	2987624	N/A	N/A	N/A	N/A	N/A	N/A	15119700	15132843.9	990.2

实例名称	顶点数	边数	MS-ITS			DLSWCC			NuMWVC		
			最优解	平均解	运行时间/s	最优解	平均解	运行时间/s	最优解	平均解	运行时间/s
socfb-A-anon	3097165	23667394	N/A	N/A	N/A	N/A	N/A	N/A	24532930	24615157.4	982.2
socfb-B-anon	2937612	20959854	N/A	N/A	N/A	N/A	N/A	N/A	19471922	19536195.0	983.2
socfb-Berkeley13	22900	852419	N/A	N/A	N/A	1011694	1011902.5	907.1	1011564	1012052.0	504.8
socfb-CMU	6621	249959	296930	297032.5	1011.9	292362	292428.8	111.0	292405	292475.6	149.8
socfb-Duke14	9885	506437	458100	460907.8	1629.4	450799	450898.3	312.8	450608	450884.8	211.7
socfb-Indiana	29732	1305757	N/A	N/A	N/A	1375506	1377961.4	1193.1	1372314	1373628.2	690.8
socfb-MIT	6402	251230	274242	274443.0	12093.2	272431	272472.4	171.2	272431	272497.1	167.4
socfb-OR	63392	816886	N/A	N/A	N/A	2114652	2116501.0	1169.5	2105137	2106559.1	996.8
socfb-Penn94	41536	1362220	N/A	N/A	N/A	1827780	1829265.1	1052.8	1817706	1819186.5	859.8
socfb-Stanford3	11586	568309	506903	507561.5	4388.7	495332	495411.3	479.1	495141	495278.8	294.2
socfb-Texas84	36364	1590651	N/A	N/A	N/A	N/A	N/A	N/A	1646202	1647091.5	696.0
socfb-UCLA	20453	747604	913929	915068.0	154.9	888489	888857.8	774.8	888754	889176.7	244.5
socfb-UConn	17206	604867	792021	793196.8	15843.7	771427	771744.5	638.5	771323	771968.3	317.1
socfb-UCSB37	14917	482215	677548	678029.5	5456.8	659407	659615.9	447.5	659310	659816.9	331.1
socfb-UF	35111	1465654	N/A	N/A	N/A	N/A	N/A	N/A	1597610	1598484.3	619.6
socfb-UIllinois	30795	1264421	N/A	N/A	N/A	1414900	1417140.9	1197.3	1412639	1413151.5	618.8
socfb-Wisconsin87	23831	835946	N/A	N/A	N/A	1071625	1072009.6	1081.1	1071497	1072243.4	588.1

续表

实例名称	顶点数	边数	MS-ITS			DLSWCC			NuMWVC		
			最优解	平均解	运行时间/s	最优解	平均解	运行时间/s	最优解	平均解	运行时间/s
tech-as-caida2007	26475	53381	N/A	N/A	N/A	200511	200755.8	357.5	**200213**	**200213.0**	28.6
tech-as-skitter	1694616	11094209	N/A	N/A	N/A	N/A	N/A	N/A	**30189100**	**30307923.2**	994.0
tech-internet-as	40164	85123	N/A	N/A	N/A	312123	312308.4	490.5	**310196**	**310196.0**	209.2
tech-p2p-gnutella	62561	147878	N/A	N/A	N/A	917822	918207.3	1058.6	**916186**	**916187.8**	906.3
tech-RL-caida	190914	607610	N/A	N/A	N/A	4203838	4204531.8	414.3	**4195752**	**4199767.5**	993.8
tech-routers-rf	2113	6632	44919	44936.5	61.0	44894	44902.3	34.9	**44892**	**44894.3**	5.9
tech-WHOIS	7476	56943	128568	128588.0	6499.9	128337	128345.3	123.0	**128336**	**128336.9**	30.5
web-arabic-2005	163598	1747269	N/A	N/A	N/A	6572535	6573003.0	1855.9	**6556866**	**6557500.9**	584.2
web-BerkStan	12305	19500	292693	293081.0	2304.9	286665	286871.4	290.4	**285504**	**285547.0**	166.7
web-edu	3031	6474	79499	79545.5	242.3	79078	79100.8	47.2	**79042**	**79050.3**	48.1
web-google	1299	2773	**27842**	**27842.0**	0.8	**27842**	**27842.0**	2.6	**27842**	**27842.0**	0.8
web-indochina-2004	11358	47606	409686	409765.0	3187.9	405419	405773.4	255.3	**404490**	**404533.5**	319.9
web-it-2004	509338	7178413	N/A	N/A	N/A	N/A	N/A	N/A	**23809850**	**23813925.5**	995.7
web-sk-2005	121422	334419	N/A	N/A	N/A	3135635	3135843.5	115.3	**3133917**	**3134504.5**	134.6
web-spam	4767	37375	129440	129534.8	644.2	128980	128994.8	92.6	**128964**	**128965.8**	52.7
web-uk-2005	129632	11744049	N/A	N/A	N/A	N/A	N/A	N/A	**7562306**	**7562306.0**	282.0
web-webbase-2001	16062	25593	144674	144718.5	399.9	144361	144444.9	186.7	**144115**	**144122.0**	44.7
web-wikipedia2009	1864433	4507315	N/A	N/A	N/A	N/A	N/A	N/A	**36626752**	**36663286.9**	996.7

上获得更好的最优解。对于平均解，NuMWVC 算法几乎在所有的实例上优于 DLSWCC 算法和 MS-ITS 算法。对于平均运行时间，NuMWVC 算法比 MS-ITS 算法快几个数量级。在大多数实例上，NuMWVC 算法要快于 DLSWCC 算法。另外，图 3.4 给出了在超大规模实例上 NuMWVC 算法与 DLSWCC 算法相比得到的优、劣、相等解的个数。如图 3.4(a)所示，在这 86 个实例上，本章提出的 NuMWVC 算法能够获得 73 个（85%）优于、2 个（2%）劣于和 11 个（13%）等于 DLSWCC 算法获得的最优解。如图 3.4（b）所示，对于平均解，NuMWVC 算法能够获得 71 个（83%）优于、7 个（8%）劣于和 8 个（9%）等于 DLSWCC 算法获得的平均解。总的来说，在该组实例上 NuMWVC 算法要明显优于 MS-ITS 算法和 DLSWCC 算法。

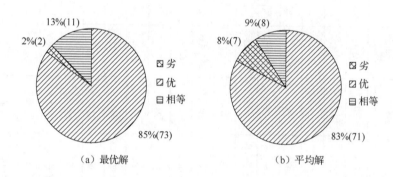

图 3.4　NuMWVC 算法和 DLSWCC 算法在超大规模实例的对比

3.6.5　地图标注问题实例实验结果

由于同样的原因，LSCC+BPS 无法求解地图标注问题的补图。因此，本章仅用 MS-ITS 算法和 DLSWCC 算法与 NuMWVC 算法在地图标注实例上进行了对比，实验结果如表 3.3 所示。从表中我们可以看出，在这 14 个地图标注实例上，MS-ITS 算法有 5 个未能找到可行解，在找到的 9 个实例中，有 2 个与 NuMWVC 算法得到了相同的最优解。DLSWCC 算法有 3 个未能找到可行解，在找到的 11 个实例中，有 3 个与 NuMWVC 算法得到了相同的最优解。NuMWVC 算法在所有实例上都能找到可行解，并在 9 个实例上获得的最优解优于对比算法获得的最优解。对于平均解，实验结果类似于最优解，即 NuMWVC 算法要明显优于 MS-ITS 算法和 DLSWCC 算法。另外，图 3.5 给出了在实际问题实例上 NuMWVC 算法与 DLSWCC 算法相比得到的优、劣、相等解的个数。如图 3.5（a）所示，在这 14 个实例上，本章提出的 NuMWVC 算法能够获得 11 个（79%）优于、3 个（21%）劣于 DLSWCC 算法获得的最优解。如图 3.5（b）所示，NuMWVC 算法能够获得优于、劣于和等于 DLSWCC 算法获得平均解的个数与最优解相同。总的来说，与 MS-ITS 算法和 DLSWCC 算法相比，NuMWVC 算法还是有很大的提高。

表 3.3　MS-ITS 算法、DLSWCC 算法和 NuMWVC 算法求解地图标注实例实验结果

顶点数	边数	MS-ITS		DLSWCC		NuMWVC	
		最优解	平均解	最优解	平均解	最优解	平均解
1254	16936	850248	850248	**848560**	**848618.7**	848826	848834.6
1680	74126	1120275	**1120275**	**1120098**	1120374	1121047	1121145
4986	3652361	N/A	N/A	1604934	1604934	**1603680**	**1603722**
2875	265158	**1578456**	**1578456**	1579257	1579987	1579170	1579224
28006	49444921	N/A	N/A	N/A	N/A	9071508	9072060
4064	3924080	N/A	N/A	2149323	2149323	**2147158**	**2147254**
19095	59533630	N/A	N/A	N/A	N/A	5484920	5485102
2866	295488	2264029	2264029	2263783	2264096	**2263590**	**2263620**
15124	12622219	N/A	N/A	N/A	N/A	6911605	6912021
2279	60040	1563775	1563775	**1563140**	**1563196**	1563227	1563282
6185	665903	3777284	3777284	3779373	3781259	**3776743**	**3777159**
3025	152449	2162619	2162619	2159709	2159864	**2159584**	**2159676**
10022	2346213	4940309	4940309	4948238	4948392	**4939908**	**4940029**
1185	125620	**874455**	**874455**	875290	875400.7	875105	875397.5

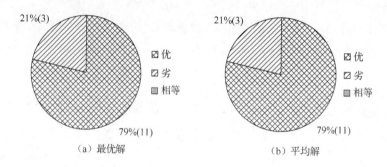

（a）最优解　　　　　　　　　　　　（b）平均解

图 3.5　NuMWVC 算法和 DLSWCC 算法在地图标注实例的对比

3.6.6　参数设置

　　如 3.5 节所述，在 NuMWVC 算法中有两个重要的参数需要确定。表 3.4 和表 3.5 中给出了参数实验测试报告。NuMWVC 算法中使用的参数 remove_num 指的是每次迭代算法从候选解中删除的顶点数，经过实验测试后将参数 remove_num 的值设置为 3。NuMWVC 算法中使用的参数 β 指的是在局部搜索过程中目标值连续没有提高的迭代次数，经过实验测试后将参数 β 的值设置为 50。

表 3.4　参数 β 调优

实例名称	最优解				
	β=25	β=50	β=75	β=100	β=125
ca-CondMat	683711	**683659**	683711	683711	683711
ca-CSphd	**29390**	**29390**	**29390**	**29390**	**29390**
ca-Erdos992	**28298**	**28298**	**28298**	**28298**	**28298**
ca-GrQc	122252	**122250**	122252	122252	122252
ca-HepPh	363984	**363976**	363984	363984	363984
ia-email-EU	**48269**	**48269**	**48269**	**48269**	**48269**
ia-email-univ	**32931**	**32931**	**32931**	**32931**	**32931**
ia-fb-messages	**32300**	**32300**	**32300**	**32300**	**32300**
ia-reality	**4894**	**4894**	**4894**	**4894**	**4894**
soc-buzznet	**1737813**	1737874	1737920	1737816	1737853
soc-douban	**515270**	**515270**	**515270**	**515270**	**515270**

续表

实例名称	最优解				
	$\beta=25$	$\beta=50$	$\beta=75$	$\beta=100$	$\beta=125$
soc-FourSquare	5287927	**5286968**	5287927	5287927	5287927
soc-pokec	52140940	**52089306**	52144412	52127721	52133935
soc-slashdot	**1233445**	1233605	**1233445**	**1233445**	**1233445**
soc-twitter-follows	**135811**	**135811**	**135811**	**135811**	**135811**
soc-youtube-snap	**15119517**	15119700	15119596	15119688	15119688
socfb-Duke14	**450608**	**450608**	**450608**	**450608**	**450608**
socfb-Stanford3	495192	**495141**	495192	495192	495192
tech-as-caida2007	**200213**	**200213**	**200213**	200213	200213
tech-internet-as	**310196**	**310196**	**310196**	310196	310196
tech-RL-caida	4196038	**4195752**	4196628	4196349	4196235
web-google	**27842**	**27842**	**27842**	27842	**27842**
web-spam	128966	**128964**	128966	128966	128966
web-uk-2005	**7562306**	**7562306**	**7562306**	**7562306**	**7562306**
web-wikipedia2009	336627187	**36626752**	36654805	36642540	36652568

表 3.5 参数 remove_num 调优

实例名称	最优解				
	remove_num=1	remove_num=2	remove_num=3	remove_num=4	remove_num=5
ca-CondMat	683673	683673	**683659**	683664	683726
ca-CSphd	**29390**	**29390**	**29390**	**29390**	**29390**
ca-Erdos992	**28298**	**28298**	**28298**	**28298**	**28298**
ca-GrQc	122255	122255	**122250**	122251	122254
ca-HepPh	364004	364004	**363976**	364004	363986
ia-email-EU	**48269**	**48269**	**48269**	**48269**	**48269**
ia-email-univ	**32931**	**32931**	**32931**	**32931**	**32931**
ia-fb-messages	**32300**	**32300**	**32300**	**32300**	**32300**
ia-reality	**4894**	**4894**	**4894**	**4894**	**4894**

续表

实例名称	最优解				
	remove_num=1	remove_num=2	remove_num=3	remove_num=4	remove_num=5
soc-buzznet	1738925	1738925	1737874	1738470	**1737792**
soc-douban	**515270**	**515270**	**515270**	**515270**	**515270**
soc-FourSquare	5288210	5288210	**5286968**	5287849	5287900
soc-pokec	52132420	52125489	**52089306**	52144918	52154040
soc-slashdot	1233698	1233698	1233605	**1233395**	1233459
soc-twitter-follows	**135811**	**135811**	**135811**	**135811**	**135811**
soc-youtube-snap	15119970	15119970	**15119700**	15120249	15120457
socfb-Duke14	450667	450667	**450608**	450871	450740
socfb-Stanford3	495234	495234	495141	495131	**495129**
tech-as-caida2007	**200213**	**200213**	**200213**	**200213**	**200213**
tech-internet-as	**310196**	**310196**	**310196**	**310196**	**310196**
tech-RL-caida	4193489	**4193364**	4195752	4198963	4199186
web-google	**27842**	**27842**	**27842**	**27842**	**27842**
web-spam	128966	128966	**128964**	128966	**128964**
web-uk-2005	**7562306**	**7562306**	**7562306**	**7562306**	**7562306**
web-wikipedia2009	336656964	36642682	**36626752**	36641996	36634831

表 3.4 和表 3.5 给出了本次参数调优的实验结果。本次实验随机选用了 25 个超大规模实例进行测试使用，用来确定 NuMWVC 算法中需要的参数值。第一个确定 β 的参数设置，参数 β 的取值范围为 $\{25, 50, 75, 100, 125\}$，第二个确定 remove_num 的参数设置，参数 remove_num 的取值范围为 $\{1, 2, 3, 4, 5\}$。在 25 个超大规模实例上，对于 2 个参数的每个测试值，NuMWVC 算法会在每个实例上独立运行 10 次，避免算法出现随机性并且确保测试求解值的精确性。表 3.4 和表 3.5 列出了 10 次运行找到的最优解。

表 3.4 列出的是根据参数 β 的不同取值计算出的实验结果（其中参数 remove_num 的值固定为 3）。在 25 个超大规模实例上，对于不同的 β 值（25, 50, 75, 100, 125），NuMWVC 算法分别获得 16 个、22 个、14 个、14 个、14 个最优

解。由此可见，在这 25 个超大规模最小加权顶点覆盖问题实例上，参数 β 的值为 50 时求解效果最佳。因此，在 NuMWVC 算法中若连续 50 次迭代算法的目标值没有提高则更新 remove_num 的值。

表 3.5 列出的是根据参数 remove_num 的不同取值计算出的实验结果（其中参数 β 的值固定为 50）。在 25 个超大规模实例上，对于不同的 remove_num 值（1, 2, 3, 4, 5），NuMWVC 算法分别获得 12 个、13 个、21 个、13 个、15 个最优解。由此可见，在这 25 个超大规模最小加权顶点覆盖问题实例上，参数 remove_num 的值为 3 时求解效果最佳。因此，在 NuMWVC 算法中每次迭代删除的顶点数初始化为 3。从这两个表中可以看出，实验结果对参数的设置非常敏感。

3.6.7　讨论

通过 3.6.3～3.6.5 小节的讨论可知，NuMWVC 算法要明显优于现有的启发式算法。本小节进一步研究 NuMWVC 算法中每个策略的有效性，即约简规则（3.3 节）、带有特赦准则的格局检测策略（3.4 节）和自适应顶点删除策略（3.5 节）。我们重写了 NuMWVC 算法，获得如下的三个版本。

（1）SARRCC 算法：与 NuMWVC 算法的区别在于，SARRCC 算法中将 CCA 策略替换为原来的 CC 策略，即没有使用特赦准则。

（2）SACCA 算法：与 NuMWVC 算法的区别在于，SACCA 算法在初始解构造过程中没有使用约简规则。

（3）RRCCA 算法：与 NuMWVC 算法的区别在于，RRCCA 算法在局部搜索过程中删除顶点时采用的是每次迭代删除顶点的个数为 1，而不是自适应改变的。

本次实验同样在随机选用的 25 个超大规模实例上进行测试。NuMWVC 算法、SARRCC 算法、SACCA 算法和 RRCCA 算法在每个实例上独立运行 10 次，实验结果如表 3.6 所示。从该表中可看出，对于随机选取的 25 个实例，SARRCC 算法只能找到 5 个最优解，SACCA 算法可以找到 12 个最优解，RRCCA 算法可以找到 13 个最优解。实验结果表明，在这三个策略中，带有特赦准则的格局检测策略对算法性能的贡献最大。本章提出的 NuMWVC 算法可以在 25 个实例上都获得最优解，这意味着 NuMWVC 算法在所有测试实例上都优于这三个版本的算法。因此我们可以得出结论，本章所提出的策略在 NuMWVC 算法中起着关键作用，这些策略在求解最小加权顶点覆盖问题上都发挥了重要作用。

表 3.6 SARRCC 算法、SACCA 算法、RRCCA 算法和 NuMWVC 算法

求解超大规模实例实验结果

实例名称	SARRCC		SACCA		RRCCA		NuMWVC	
	最优解	平均解	最优解	平均解	最优解	平均解	最优解	平均解
ca-CondMat	686401	686428.7	683719	683805.3	683673	683752.0	**683659**	**683745.7**
ca-CSphd	29407	29407.8	**29390**	**29390.0**	29390	29390.0	29390	29390.0
ca-Erdos992	**28298**	**28298.0**	28298	28298.0	28298	28298.0	28298	28298.0
ca-GrQc	122739	122774.7	122251	122255.8	122251	122256.0	**122250**	**122254.3**
ca-HepPh	365350	365474.7	363998	364017.4	363985	364020.1	**363976**	**364001.4**
ia-email-EU	**48269**	**48269.0**	48269	48269.0	48269	48269.0	48269	48269.0
ia-email-univ	32968	33016.6	**32931**	**32931.0**	32931	32931.0	32931	32931.0
ia-fb-messages	32344	32352.2	**32300**	**32300.0**	32300	32300.0	32300	32300.0
ia-reality	**4894**	**4894.0**	4894	4894.0	4894	4894.0	4894	4894.0
soc-buzznet	1761408	1761685.4	1739983	1741523.0	1738925	1740153.1	**1737874**	**1739660.0**
soc-douban	515322	515358.5	**515270**	**515270.0**	515270	515270.0	515270	515270.0
soc-FourSquare	5296080	5296476.6	5287049	5289008.0	5287654	5288544.3	**5286968**	**5288261.5**
soc-pokec	52149467	52248940.3	52096360	52185116.3	52122597	52202284.8	**52089306**	**52174954.5**
soc-slashdot	1244240	1244622.9	1234741	1235493.5	1233698	1234516.7	**1233605**	**1233761.6**
soc-twitter-follows	**135811**	135817.3	**135811**	**135811.0**	135811	135811.0	135811	135811.0
soc-youtube-snap	15159868	15190478.7	15459807	15504854.1	15121193	15156195.5	**15119700**	**15132843.9**
socfb-Duke14	454243	454467.7	450684	450919.6	450667	450973.5	**450608**	**450884.8**
socfb-Stanford3	498634	498789.7	495310	495380.5	495234	495359.4	**495141**	**495278.8**
tech-as-caida2007	201060	201119.5	**200213**	**200213.0**	200213	200213.0	200213	200213.0
tech-internet-as	311942	312074.1	**310196**	310196.7	310196	310196.0	310196	310196.0

续表

实例名称	SARRCC		SACCA		RRCCA		NuMWVC	
	最优解	平均解	最优解	平均解	最优解	平均解	最优解	平均解
tech-RL-caida	4222415	4222986.2	4200822	4203229.8	4198649	4200765.5	**4195752**	**4199767.5**
web-google	27887	27912.1	**27842**	**27842.0**	**27842**	**27842.0**	**27842**	**27842.0**
web-spam	129891	129988.8	**128964**	128968.0	**128964**	128966.2	**128964**	128965.8
web-uk-2005	**7562306**	**7562306.0**	7562624	7562624.8	**7562306**	**7562306.0**	7562306	7562306.0
web-wikipedia2009	36643160	36670314.6	37018728	37062303.1	36637574	36685138.9	**36626752**	**36663286.9**

3.7　本 章 小 结

本章提出了一个高效的局部搜索算法（NuMWVC）求解最小加权顶点覆盖问题，该算法是对 DLSWCC 算法的改进。本章提出了三个有效的策略，具体如下。

（1）约简规则。可确定哪些顶点一定在最优解中，在初始解构造阶段，将这些顶点加入候选解中，删除顶点时禁止这些顶点被删除，从而提高算法的效率。

（2）带有特赦准则的格局检测策略。如果存在一个顶点，将该顶点加入候选解中，得到的解优于当前找到的最优解，那么无论该顶点是否满足格局检测策略，都将该顶点移入候选解中。

（3）自适应顶点删除策略。删除顶点的个数随着搜索的进行自适应地改变，使算法可以快速找到质量较高的候选解。

实验结果表明，NuMWVC 算法在 LPI、BHOSLIB、DIMACS 超大规模实例和实际问题实例上都能够找到很好的解，总体来说，NuMWVC 算法性能要优于现有求解算法。值得一提的是，NuMWVC 算法在 LPI、BHOSLIB、DIMACS 实例上都分别找到了 1 个新上界，在超大规模实例的 86 个实例上找到了 73 个新上界，在实际问题实例的 14 个实例上找到了 9 个新上界。在实验的最后，本章还对不同版本的 NuMWVC 算法进行了对比，实验结果表明我们提出的约简规则、带有特赦准则的格局检测策略和自适应顶点删除策略在 NuMWVC 算法中都起到了至关重要的作用。

第 4 章 泛化顶点覆盖问题的求解

本章研究求解泛化顶点覆盖问题的模因算法（MAGVCP）。模因算法是一种基于进化搜索和迭代邻域搜索的算法。该算法利用基于两模式的种群初始化过程产生高质量的解，利用基于共同元素的交叉算子生成后代解，最后利用基于最佳选择的迭代邻域搜索来寻找更好的解。我们在大量的基准实例上对 MAGVCP 进行了测试，实验结果表明在随机实例中，MAGVCP 在所有实例上都能找到现有最优解或者优于现有最优解；在 DIMACS 实例中，MAGVCP 在大多数实例上都能找到最优解，只有少数实例无法找到最优解。

4.1 基 本 概 念

一个无向图 $G(V_t, E_g)$ 由 n 个顶点、m 条边组成，其中 $V_t = \{v_1, v_2, \cdots, v_n\}$ 为顶点集，$E_g = \{e_1, e_2, \cdots, e_m\}$ 为边集。$e = \{v, u\}$ 表示连接顶点 v 和 u 的边，v 和 u 称为 e 的两个端点。每个顶点 $v_i \in V_t (i = 1, 2, \cdots, n)$ 对应一个权值 $c(v_i) > 0$。每条边 $e_j \in E_g (j = 1, 2, \cdots, m)$ 对应三个权重 $w_0(e_j)$，$w_1(e_j)$，$w_2(e_j)$，并且三个权重满足 $w_0(e_j) \geqslant w_1(e_j) \geqslant w_2(e_j) \geqslant 0$。对于一个顶点子集 $S \subseteq V_t$，定义 $\bar{S} = V_t \setminus S$，$E_g(S) = E_g \cap (S \times S)$，$E_g(S, \bar{S}) = E_g \cap (S \times \bar{S})$，$E_g(\bar{S}) = E_g \cap (\bar{S} \times \bar{S})$，$c(S) = \sum_{v \in S} c(v)$，$w_0(\bar{S}) = \sum_{e \in E_g(\bar{S})} w_0(e)$，$w_1(S, \bar{S}) = \sum_{e \in E_g(S, \bar{S})} w_1(e)$，$w_2(S) = \sum_{e \in E_g(S)} w_2(e)$。$N(v) = \{u \in V_t \mid (u, v) \in E\}$ 表示顶点 v 的开邻居集（简称邻域）。搜索空间 Ω 可以视为顶点集 V_t 的所有可能子集的集合，即 $\Omega = \{S \mid S \subseteq V_t\}$。

第 3 章给出了最小顶点覆盖问题和最小加权顶点覆盖问题的定义，泛化顶点覆盖问题不同于这两个问题，泛化顶点覆盖问题每条边对应不同的权值，在计算目标值时根据每条边被几个顶点覆盖而加入相对应的权值，而最小顶点覆盖问题和最小加权顶点覆盖问题不考虑每条边被几个顶点覆盖。具体来说，泛化顶点覆盖问题每条边被赋予了三个权值 $w_0(e)$，$w_1(e)$，$w_2(e)$，分别表示顶点覆盖中被零个、一个和两个顶点覆盖时相对应的权值。下面给出泛化顶点覆盖问题及相关概念的定义。

定义 4.1：（泛化顶点覆盖问题，generalized vertex cover, GVC）给定一个无向图 $G(V_t, E_g)$，其中 V_t 为顶点集，E_g 为边集，每个顶点 $v_i \in V_t$ 对应一个权值 $c(v_i) > 0$，每条边 $e_j \in E_g$ 对应三个权重 $w_0(e_j) \geqslant w_1(e_j) \geqslant w_2(e_j) \geqslant 0$，图 G 的泛化顶点覆盖问题是找出一个顶点子集 $S \subseteq V_t$，并使得目标函 $\mathrm{cost}(S) = c(S) + w_2(S) + w_1(S, \overline{S}) + w_0(\overline{S})$ 最小。泛化顶点覆盖问题可以用如下的整数规划形式来描述：

$$\min \sum_{i=1}^{n} c_i x_i + \sum_{(v_i, v_j) \in E_g} \left(w_2(v_i, v_j) z_{ij} + w_1(v_i, v_j)(y_{ij} - z_{ij}) + w_0(v_i, v_j)(1 - z_{ij}) \right) \quad (4.1)$$

$$\text{s.t.} \quad y_{ij} \leqslant x_i + x_j, \forall (v_i, v_j) \in E_g \quad (4.2)$$

$$z_{ij} \leqslant x_i, \forall v_i \in V_t, (v_i, v_j) \in E_g \quad (4.3)$$

$$z_{ij} \leqslant x_j, \forall v_j \in V_t, (v_i, v_j) \in E_g \quad (4.4)$$

$$x_i, x_j, y_{ij}, z_{ij} \in \{0, 1\}, \forall v_i, v_j \in V_t \quad (4.5)$$

其中，$x_i = 1$ 表示顶点 v_i 在候选解中，否则 $x_i = 0$；$y_{ij} = 1$ 表示顶点 v_i 和顶点 v_j 至少有一个在候选解中，否则 $y_{ij} = 0$；$z_{ij} = 1$ 表示顶点 v_i 和顶点 v_j 都在候选解中。公式（4.1）为目标函数，公式（4.2）～公式（4.5）明确约束变量的取值范围。

图 4.1 给出了泛化顶点覆盖问题的例子，图中含有 4 个顶点、5 条边，每个顶点对应一个正整数权值，即顶点 1, 2, 3, 4 对应的权值分别为 10, 20, 30, 40，每条边对应 3 个正整数的权值，其中边 e_1 对应的三个权重 $w_0(e_1) = 50$，$w_1(e_1) = 30$，$w_2(e_1) = 20$，其他边权值与 e_1 类似，如图 4.1 右侧所示。顶点集 $\{1, 2, 3, 4\}$ 的任意子集都是泛化顶点覆盖问题的一个候选解。通过计算我们得到最优解为顶点子集 $\{1\}$ 或 $\{1, 2\}$，具体计算过程如下。

当泛化顶点覆盖为子集 $S = \{1\}$ 时，根据各点的顶点权重计算出 $c(S) = w(1) = 10$，根据定义 4.1、公式（4.1）～公式（4.5）及边权值计算出 $w_0(\overline{S}) = w_0(2, 3) + w_0(3, 4) = 30 + 20 = 50$，$w_1(S, \overline{S}) = w_1(1, 2) + w_1(1, 3) + w_1(1, 4) =$

$30+40+20=90$，$w_2(S)=0$，则该子集对应的目标值 $\text{cost}(S)=c(S)+w_2(S)+$ $w_1(S,\overline{S})+w_0(\overline{S})=10+0+90+50=150$。

当泛化顶点覆盖为子集 $S=\{1,2\}$ 时，根据各点的顶点权重计算出 $c(S)=w(1)+w(2)=10+20=30$，根据定义 4.1、公式（4.1）～公式（4.5）及边权值计算出 $w_0(\overline{S})=w_0(3,4)=20$，$w_1(S,\overline{S})=w_1(1,3)+w_1(1,4)+w_1(2,3)=40+$ $20+20=80$，$w_2(S)=w_2(1,2)=20$，则该子集对应的目标值 $\text{cost}(S)=c(S)+$ $w_2(S)+w_1(S,\overline{S})+w_0(\overline{S})=30+20+80+20=150$。

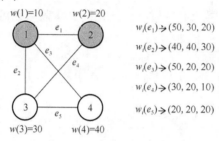

图 4.1　最优泛化顶点覆盖为{1}和{1,2}

根据泛化顶点覆盖问题的定义可以发现，每个顶点对应一个权值 $c(v)$，每条边的权值 $w_i(e)(i=1,2,3)$ 表示边 e 被 i 个顶点覆盖时对应的权值。显然，当对每个顶点 $v\in V_t$ 的权值 $c(v)$ 赋值为 1，并且对每条边 $e\in E_g$，$w_0(e)$ 赋值为 0，$w_1(e)$ 和 $w_2(e)$ 赋值为 0，则泛化顶点覆盖问题就规约为经典的最小顶点覆盖问题。

定义 4.2：（候选解，candidate solution）对于泛化顶点覆盖问题，给定一个无向图 $G(V_t,E_g)$，其中 $V_t=\{v_1,v_2,\cdots,v_n\}$，泛化顶点覆盖问题的一个候选解 $S=\{0,1\}^n$ 是一个 n 维向量，向量的每个元素为每个顶点对应的布尔值，表示该顶点的状态，$s_i=1$ 表示候选解中包含顶点 v_i，$s_i=0$ 表示候选解中不包含顶点 v_i。

定义 4.3：（候选解邻居，candidate solution neighbour）给定一个无向图 $G(V_t,E_g)$，$S=\{0,1\}^n$ 为泛化顶点覆盖问题的一个候选解，我们称 S' 为 S 的一个邻居解当且仅当只有一个顶点 v 在 S 和 S' 之间的赋值是不同的。我们用 $\text{diff}(S,S')$ 来表示顶点 v。

定义 4.4：（候选解邻居集，candidate solution neigbour set）给定一个泛化顶点覆盖问题的一个候选解 S，候选解邻居集 $\text{NH}(S)$ 表示 S 所有邻居解的集合。

4.2　打 分 函 数

给定一个泛化顶点覆盖问题的候选解 S 和它的候选解邻居 $\mathrm{NH}(S)$，对于每个邻居解 $S' \in \mathrm{NH}(S)$ 有且仅有一个确定的顶点状态与候选解 S 是不同的。换句话说，如果改变 S 的某个顶点的状态，我们可以得到 S 的邻居解。在搜索过程中选择哪个邻居替代当前候选解对算法效率有着重要影响。因此，设计一个打分函数来评估当前候选解的每个邻居解的收益。打分函数的关键是根据目标函数即公式（4.1）来评价新候选解对现有候选解的改进程度。给定候选解 S，S 的打分函数表示为 score(S)。在定义打分函数之前，我们需要引入一个符号函数 $\_\mathrm{inc}(v)$ 和一个反向函数 $\_\mathrm{alpha}(x)$。给定一个顶点 $v \in V_t$，设 S 为候选解，符号函数 $\_\mathrm{inc}(v)$ 为公式（4.6）。

$$\_\mathrm{inc}(v) = \begin{cases} 1, & v \in S \\ -1, & v \notin S \end{cases} \tag{4.6}$$

给定一个整数，反向函数 $\_\mathrm{alpha}(x)$ 定义为

$$\_\mathrm{alpha}(x) = \begin{cases} 1, & x = 0 \\ 0, & x \neq 0 \end{cases} \tag{4.7}$$

根据公式（4.6）和公式（4.7），已知当前候选解 S，则 S 的邻居解 S' 的打分函数定义为 score(S')，如公式（4.8）所示：

$$\mathrm{score}(S') = \sum_{u \in N(v)} \mathrm{subscore}(u),\ v = \mathrm{diff}(S, S') \tag{4.8}$$

$$\begin{aligned} \mathrm{subscore}(u) = {} & \_\mathrm{inc}(v) \times \big(-c(v) + \_\mathrm{alpha}\big(\_\mathrm{inc}(u)+1\big) \times w_0(u,v) \\ & + \_\mathrm{inc}(u) \times w_1(u,v) - \_\mathrm{alpha}\big(\_\mathrm{inc}(u)-1\big) \times w_2(u,v) \big) \end{aligned} \tag{4.9}$$

从公式（4.8）我们可以认为，计算候选解 S 邻居的分数，需要计算顶点 diff(S, S') 所有邻居顶点的 subscore 值。从公式（4.9）中很容易得出，如果顶点 v 从候选解中移除，根据目标函数公式（4.1）可知我们需要将顶点 v 的权重加入到 subscore 值中。相应地，相关边的权重如 $w_0(u,v)$，$w_1(u,v)$，$w_2(u,v)$ 应根据 $\_\mathrm{inc}(u)$

进行加入或删除。相反，如果顶点 v 移入候选解，我们需要从 subscore 值中删除顶点 v 的权重并更改相应的边权值。

根据公式（4.8）和公式（4.9），如果 $score(S')<0$，表示邻居解比当前候选解更好。换句话说，翻转顶点 v 的状态可以提高当前候选解。相反，表示邻居解比当前候选解更差。在迭代搜索过程中，选择 S 的邻居解时，我们优先选择分数小的邻居解。

4.3　模因算法求解 GVCP

本节主要讨论本章提出算法的主要框架。该算法遵循模因算法的一般框架，将迭代邻域搜索与基于种群的进化搜索相结合[108-110,171]。具体来说，该算法利用种群初始化过程产生高质量的候选解，利用交叉算子来产生新的后代，在搜索空间发现有前途的候选解，然后调用迭代邻域搜索对刚生成的后代进行优化，找到更好的候选解，最后更新种群得到一个更有前途的种群。

本节提出的模因算法（MAGVCP）求解泛化顶点覆盖问题的框架如算法 4.1 所示。在此框架中，算法主要分为四个阶段：种群初始化、交叉操作、迭代邻域搜索和种群更新。首先，MAGVCP 从一个种群（第 1~2 行）开始，种群初始化过程将在 4.3.1 小节中进行描述。然后，算法执行一系列循环（第 4~16 行），直到满足停止条件。对于每次循环，首先从当前种群中随机选取两个候选解 P_1 和 P_2 作为父母，然后进行交叉操作生成两个后代 O_1 和 O_2（第 5、6 行），交叉过程在 4.3.2 小节中进行描述。在这之后，调用基于最佳选择的迭代邻域搜索（4.3.3 小节介绍）对得到的后代进一步优化（第 8~12 行）。在种群更新阶段，种群更新规则将决定改进的后代解是被丢弃还是被选择代替父代解（第 13 行）。在本章中，种群的更新规则很简单：如果后代解在当前种群中优于最坏解，并且与当前解中的任何解不同，那么后代解将被添加到当前种群中替代最坏解。在下面的小节中，将详细描述算法的基本组成部分。

算法 4.1 MAGVCP 的算法框架

MAGVCP()

Input: a graph $G(V_t, E_g)$, population size p, the max generation MaxGen, the time limit cutofftime

Output: the best solution S^*, and its objective value $f(S^*)$

---

1. Initialize population Pop ← {$S_1, S_2, \cdots, S_p$};

2. S^* ← The best solution in Pop;

3. gen ← 0; elapsetime ← 0;

4. **while** gen <= MaxGen and the elapsetime <= cutofftime **do**

5.   Randomly select 2 parent solutions P_1 and P_2 from Pop;

6.   (O_1, O_2) ← Common_CrossOver(P_1, P_2);

7.   **for each** $i \in \{1, 2\}$ **do**

8. O_i ← ITNS(O_i);

9.   **if** $f(O_i) < f(S^*)$ **then**

10. $S^* ← O_i$;

11. $f(S^*) ← f(O_i)$;

12.   **end if**

13.   Update population Pop;

14.   **end for**

15.   gen++; update elapsetime;

16. **end while**

17. **return** the best solution S^* and $f(S^*)$;

4.3.1 种群初始化过程

在本小节中，我们将介绍如何为后续的搜索过程构造初始种群。假设初始种群的大小用参数 p 来确定，根据通常的基于种群进化搜索的参数设置，将 p 设为30。为了同时考虑种群的质量和多样性，我们提出了一种基于随机模式和贪心模式的双模式启发式算法来生成高质量的初始种群。在随机模式下，通过随机分配顶点的状态生成候选解 $S \in \Omega$，其中顶点状态为 1 表示该顶点包含在候选解中，顶点状态为 0 表示该顶点不在候选解中。在贪心模式下，算法首先通过随机模式生成候选解 S，然后调用基于最佳选择的迭代邻域搜索贪心地改进 S，直到达到局部最优。迭代邻域搜索将在 4.3.3 小节进行描述。在图 4.2 中，我们描述了种群初始化过程。

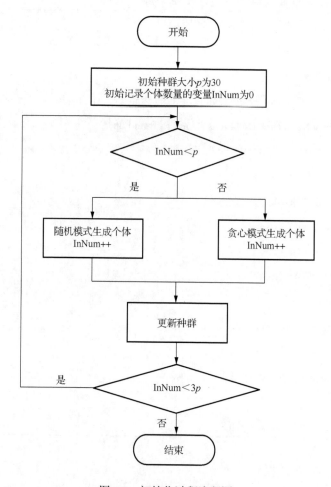

图 4.2　初始化过程流程图

　　显然，随机模式生成的解有助于提高搜索的开采能力，而贪心模式有利于提高搜索的勘探能力。为了在开采能力和勘探能力之间做一个平衡，算法采用随机模式生成 p 个个体，采用贪心模式生成 $2p$ 个个体。然后根据公式（4.1）计算每个个体的目标值，选择 p 个目标值较小的个体作为种群。通过这种方式，可以获得质量相对较高的初始种群。

4.3.2　交叉操作

一旦构造好初始种群，将选择两个候选解，通过基于共同元素的交叉算子对两个父代解进行组合，生成更有希望的种群[172]。在模因算法框架内，交叉算子在补充邻域搜索过程的强化作用方面起着重要作用。以往的文献提出了几种基本的二元交叉算子，如单点交叉、多点交叉和均匀交叉。然而，这些算子很少能生成高质量的解并有效地探索搜索空间。通过实验分析发现，在泛化顶点覆盖问题中，高质量的解通常具有大量的共同元素，这些元素很有可能成为最优解的一部分。在此基础上，本章提出了一种基于共同元素的交叉算子，即在父代中保留相同基因，然后利用均匀交叉生成具有合理质量和多样性的后代解。为了更清楚地表示基于共同元素的交叉算子，我们将用一个例子来说明所提出的交叉算子是如何工作的。

给定一个无向图 G ，该图包含 9 个顶点 $v_1, v_2, \cdots, v_9$ ，在 MAGVCP 中，用含有 9 个元素的向量 $\mathrm{Vec} = \{g_1, g_2, \cdots, g_9\}$ 来表示一个候选解，每个元素表示一个顶点的状态。对于每个元素 g_i ，可以看作是一个布尔变量， $g_i = 1$ 表示顶点 v_i 包含在候选解中， $g_i = 0$ 表示顶点 v_i 不包含在候选解中。

在图 4.3 中， P_1 和 P_2 表示从总体种群 Pop 中随机选择的两个父代解。后代解 O_1 和 O_2 构建如下。首先，基于共同元素的交叉算子保留父代解 P_1 和 P_2 中相同的元素，如 $\{g_3, g_4, g_5, g_9\}$ 被标记为蓝色。换言之，如果两个"好"的解具有相同的部分，我们将保留这些部分。在此之后，为了增加多样性和探索更多的搜索空间，将使用均匀交叉算子来分配其他顶点。具体地，该算子使每个基因以相同的概率从它们的双亲中遗传。为了避免重复访问相同的解，我们要求后代解与后代解以及父代解应该不同。

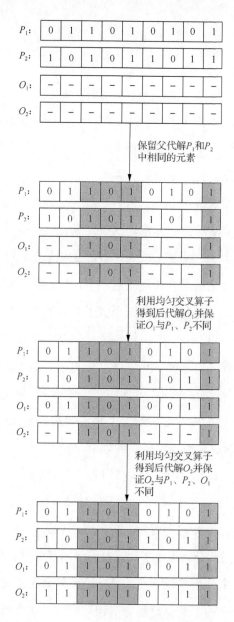

图 4.3　基于共同元素的交叉算子举例

4.3.3　迭代邻域搜索

交叉过程执行后，算法将调用基于最佳选择的迭代邻域搜索（iterated best

chosen neighborhood search, ITNS）来提高当前解的质量。ITNS 的主要思想是非常简单而高效的[172-176]。在描述 ITNS 之前，我们先回顾一下候选解和候选解邻居的概念。

泛化顶点覆盖问题的候选解 S 是一个 n 维向量，向量的每个元素为每个顶点对应的布尔值，元素取值为 1 表示候选解中包含对应的顶点，元素取值为 0 表示候选解中不包含对应的顶点。候选解 S 的邻居 S' 表示候选解 S 只有一个顶点的状态发生改变后得到的新候选解，即对任意顶点 v 的布尔值进行"一次翻转"操作后得到的新候选解。换言之，如果顶点 v 在候选解中，则将该点移除候选解；反之，如果顶点 v 不在候选解中，则将该点移入候选解。候选解邻居集表示 S 所有邻居解的集合。

基于最佳选择的迭代邻域搜索的主要思想，每次迭代从候选解邻居集中寻找一个最好的邻居解来替代当前的候选解。我们根据公式（4.8）和公式（4.9）计算每一个邻居解的分数，优先选择分数低的邻居解。为使搜索有效地跳出局部最优，我们引入了随机游走策略。

1. 随机游走策略

随机游走策略是一种有效的跳出局部最优策略，已被广泛应用于启发式搜索。本章为了避免基于最佳选择的迭代邻域搜索陷入深度局部最优，使用了一种简单的随机游走策略来帮助搜索跳出局部最优解。当目前找到的最优解经过一些连续的迭代后没有得到进一步的改进时，我们将调用此策略来增加多样性。具体来说，在基于最佳选择的迭代邻域搜索中，如果连续 100 次迭代后得到的最优解保持不变，则意味着搜索可能陷入了局部最优解。此时，算法随机选择 $n \times 0.1$ 个顶点，并翻转这些顶点的状态，从而使搜索有效地跳出局部最优。

2. ITNS 框架

基于上述讨论，我们现在介绍所提出的基于最佳选择的迭代邻域搜索过程，其框架在算法 4.2 中描述。在此过程中，设置当前候选解 S 及最大迭代次数为输入参数，输出为得到的最优解及其目标值。在该算法中我们可以看到，当前的最优解初始设置为候选解 S，当前最优解的目标值初始为 $f(S)$，迭代次数初始为 0

（第1~3行）。在此之后，该过程根据公式（4.8）和公式（4.9）计算候选解 S 所有邻居解的分数（第4行）。接下来是循环搜索提高初始解的质量，循环终止条件为达到最大的迭代次数（第5~16行）。然后每次迭代搜索选择最好的邻居解替换当前候选解，并更新所有邻居解的分数（第6、7行）。如果新的候选解的目标值优于当前的最优解，则基于最佳选择的迭代邻域搜索更新当前的最优解（第8~11行）。在迭代的最后，如果满足随机游走条件，该过程将随机选择一些顶点来翻转它们的状态（第12~14行），最后更新迭代次数（第15行）。

算法 4.2　基于最佳选择的迭代邻域搜索

ITNS()

Input：a solution S, number MaxStep of the iterated neighborhood search iteration steps

Output：the best solution S^*, and its objective value $f(S^*)$

---

1. $S^* \leftarrow S$;

2. $f(S^*) \leftarrow f(S)$;

3. step $\leftarrow 0$;

4. compute score(S') for each $S' \in NH(S)$;

5. **while** step<MaxStep **do**

6. 　　　$S \leftarrow \underset{S' \in NH(S)}{\arg\min}(\text{score}(S'))$;

7. 　　　update the score(S') for each $S' \in NH(S)$;

8. 　　　**if** $f(S) < f(S^*)$ **then**

9. 　　　　　$f(S^*) \leftarrow f(S)$;

10. 　　　　　$S^* \leftarrow S$;

11. 　　　**end if**

12. 　　　**if** the random walk criteria is met **then**

13. 　　　　　execute random walk strategy;

14. 　　　**end if**

15. 　　　step++;

16. **end while**

17. **return** $S, f(S^*)$;

4.4 实 验 分 析

本节主要对本章提出的算法和其他求解泛化顶点覆盖问题的启发式算法进行比较，从而说明我们提出的 MAGVCP 的有效性。首先介绍两组基准实例，即随机实例和 DIMACS 实例；然后介绍现有求解泛化顶点覆盖问题的启发式算法，包括遗传算法（genetic algorithm, GA）和基于禁忌策略和干扰机制的局部搜索算法（local search algorithm with tabu strategy and perturbation mechanism, LSTP），并介绍相关的实验参数和实验环境；接下来对本章提出的算法在大量的基准实例上进行测试，并与现有算法进行比较，说明 MAGVCP 的有效性。

4.4.1 基准实例

为了评估 MAGVCP 求解泛化顶点覆盖问题的有效性，本章在 48 个随机实例和 37 个 DIMACS 实例上进行了实验，这两组实例已广泛用于测试泛化顶点覆盖问题和其他组合优化问题。下面详细介绍这两组实例。

（1）随机实例。该组实例从文献[91]和[101]中收集，共由 48 个实例组成。所有的实例都不是在多项式时间内可解的"简单"实例。关于泛化顶点覆盖问题可以多项式求解的详细信息可参见文献[177]。随机实例的规模从 30 个顶点和 50 条边到 1000 个顶点和 45 万条边。表 4.1 给出了随机实例的具体性质。

表 4.1 随机实例的性质

实例名称	顶点数	边数	密度/%	实例名称	顶点数	边数	密度/%
gvc-30-50	30	50	11	gvc-50-500	50	500	41
gvc-30-100	30	100	23	gvc-50-1000	50	1000	82
gvc-30-200	30	200	46	gvc-100-200	100	200	4
gvc-30-400	30	400	92	gvc-100-500	100	500	10
gvc-50-100	50	100	8	gvc-100-1000	100	1000	20
gvc-50-200	50	200	16	gvc-100-4000	100	4000	81

续表

实例名称	顶点数	边数	密度/%	实例名称	顶点数	边数	密度/%
gvc-200-500	200	500	3	gvc-600-32000	600	32000	18
gvc-200-2000	200	2000	10	gvc-600-150000	600	150000	83
gvc-200-5000	200	5000	25	gvc-700-2500	700	2500	1
gvc-200-15000	200	15000	75	gvc-700-10000	700	10000	4
gvc-300-1000	300	1000	2	gvc-700-50000	700	50000	20
gvc-300-5000	300	5000	11	gvc-700-200000	700	200000	82
gvc-300-20000	300	20000	45	gvc-800-3000	800	3000	1
gvc-300-40000	300	40000	89	gvc-800-15000	800	15000	5
gvc-400-1200	400	1200	2	gvc-800-90000	800	90000	28
gvc-400-5000	400	5000	6	gvc-800-300000	800	300000	94
gvc-400-20000	400	20000	25	gvc-900-4000	900	4000	1
gvc-400-70000	400	70000	88	gvc-900-20000	900	20000	5
gvc-500-1500	500	1500	1	gvc-900-100000	900	100000	25
gvc-500-5000	500	5000	4	gvc-900-400000	900	400000	99
gvc-500-30000	500	30000	24	gvc-1000-5000	1000	5000	1
gvc-500-100000	500	100000	80	gvc-1000-25000	1000	25000	5
gvc-600-2000	600	2000	1	gvc-1000-150000	1000	150000	30
gvc-600-8000	600	8000	4	gvc-1000-450000	1000	450000	90

（2）DIMACS 实例。DIMACS 实例最早被用于测试最小顶点覆盖问题，近年来被广泛应用于各种组合优化问题的测试。在本章中，为了更好地说明 MAGVCP 的性能，我们从 DIMACS 库中选择了 37 个具有代表性的实例。边和顶点的权值根据文献[91]中的方法进行赋值。表 4.2 给出了 DIMACS 实例的具体性质。

表 4.2　DIMACS 实例的性质

实例名称	顶点数	边数	密度/%	实例名称	顶点数	边数	密度/%
brock200_2	200	10024	50	brock400_2	400	20014	25
brock200_4	200	6811	34	brock400_4	400	20035	25

续表

实例名称	顶点数	边数	密度/%	实例名称	顶点数	边数	密度/%
brock800_2	800	111434	35	hamming8-4	256	11776	36
brock800_4	800	111957	35	keller4	171	5100	35
C1000.9	1000	49421	10	keller5	776	74710	25
C125.9	125	787	10	keller6	3361	1026582	18
C2000.5	2000	999164	50	MANN_a27	378	702	1
C2000.9	2000	199468	10	MANN_a45	1035	1980	0
C250.9	250	3141	10	MANN_a81	3321	6480	0
C4000.5	4000	3997732	50	p_hat1500-1	1500	839327	75
C500.9	500	12418	10	p_hat1500-2	1500	555290	49
DSJC1000.5	1000	249674	50	p_hat1500-3	1500	277006	25
DSJC500.5	500	62126	50	p_hat300-1	300	33917	76
gen200_p0.9_44	200	1990	10	p_hat300-2	300	22922	51
gen200_p0.9_55	200	1990	10	p_hat300-3	300	11460	26
gen400_p0.9_55	400	7980	10	p_hat700-1	700	183651	75
gen400_p0.9_65	400	7980	10	p_hat700-2	700	122922	50
gen400_p0.9_75	400	7980	10	p_hat700-3	700	61640	25
hamming10-4	1024	89600	17				

4.4.2　对比算法和实验环境

MAGVCP 与两个现有最优的求解泛化顶点覆盖问题的算法对比，即遗传算法、基于禁忌策略和干扰机制的局部搜索算法。这两个算法的介绍如下所示。

（1）遗传算法（GA）。该算法是一种基于达尔文进化论和遗传规律的启发式算法。我们将每个单独的解与适应度联系起来，适应度用于评估每个解的质量。该算法还将选择、交叉和变异算子应用到种群中。

（2）基于禁忌策略和干扰机制的局部搜索算法（LSTP）。该算法是求解泛化顶点覆盖问题的最新方法。该算法融入了禁忌策略、顶点选择和干扰机制三个策略，禁忌策略用于避免循环搜索，顶点选择策略用于确定合适的顶点加入或移出候选解，干扰机制用于跳出局部最优。

本章用 C 语言编写算法 MAGVCP，用 GNU g++进行编译，实验是在配置为 Intel® Xeon®E7-4830 CPU（2.13GHz）的计算机上进行的。为了保证可靠性，我们在相同的实验环境下重新执行了 GA 和 LSTP。

为保证比较的公平性，所有算法的停止时间限制均为 3600s。GA 和 LSTP 的最大迭代次数设为 5000，MAGVCP 设为 2000。将 GA 的种群规模设为 150，MAGVCP 设为 30。考虑到启发式算法的随机性，本章所有算法对每个实例使用不同的随机种子执行 20 次。

4.4.3　实验结果

为了验证 MAGVCP 的有效性，我们将 MAGVCP 与现有最好的启发式算法进行性能比对。我们的算法和对比算法在随机实例上的结果如表 4.3 所示。本章表中粗体表示几个对比算法中得到的最优解。

表 4.3　算法 GA、LSTP 和 MAGVCP 求解随机实例实验结果

实例名称	GA		LSTP		MAGVCP	
	最优解	平均解	最优解	平均解	最优解	平均解
gvc-30-50	**2152**	2155	**2152**	2152	2152	2152
gvc-30-100	**4825**	4831.7	**4825**	4825	4825	4825
gvc-30-200	**8745**	8746.8	**8745**	8745	8745	8745
gvc-30-400	**18721**	18725.9	**18721**	18721	18721	18721
gvc-50-100	**3812**	3826.9	**3812**	3812	3812	3812
gvc-50-200	**9196**	9214	**9196**	9196	9196	9196
gvc-50-500	**22004**	22020.5	**22004**	22004	22004	22004
gvc-50-1000	**45408**	45425.4	**45408**	45408	45408	45408
gvc-100-200	9086	9102.8	**9068**	9068	9068	9068

续表

实例名称	GA		LSTP		MAGVCP	
	最优解	平均解	最优解	平均解	最优解	平均解
gvc-100-500	20972	21053.4	**20955**	**20955**	**20955**	**20955**
gvc-100-1000	**44185**	44285.4	**44185**	**44185**	**44185**	**44185**
gvc-100-4000	179601	179788.3	**179577**	**179577**	**179577**	**179577**
gvc-200-500	22813	22850.9	**22691**	22698.4	**22691**	**22691**
gvc-200-2000	90666	90872.6	**90582**	**90582**	**90582**	**90582**
gvc-200-5000	229316	229542.9	**229208**	**229208**	**229208**	**229208**
gvc-200-15000	690275	690764.1	**689734**	**689734**	**689734**	**689734**
gvc-300-1000	45177	45236.4	44958	44973.1	**44957**	44961.3
gvc-300-5000	223111	223323.8	**222778**	222779	**222778**	**222778**
gvc-300-20000	921001	921384.3	**920232**	**920232**	**920232**	**920232**
gvc-300-40000	1853275	1853854	**1852505**	**1852505**	**1852505**	**1852505**
gvc-400-1200	53728	53834.5	53462	53485.7	**53448**	53459.85
gvc-400-5000	226656	226779.2	**225944**	225947.5	**225944**	225944.25
gvc-400-20000	914836	915516.7	**914149**	**914149**	**914149**	**914149**
gvc-400-70000	3223421	3224041.2	**3221771**	**3221771**	**3221771**	**3221771**
gvc-500-1500	66388	66466.9	66073	66088.2	**66044**	66059.15
gvc-500-5000	227149	227373	226373	226395.9	**226371**	226372.75
gvc-500-30000	1379612	1379934.9	**1377370**	1377371.6	**1377370**	1377370.5
gvc-500-100000	4622136	4622839.1	**4618987**	**4618987**	**4618987**	**4618987**
gvc-600-2000	89760	89888.5	89195	89217.3	**89129**	89148.55
gvc-600-8000	362752	362915.2	361508	361528.7	**361479**	361490.95
gvc-600-32000	1459601	1460183.7	**1457291**	1457296.3	**1457291**	1457295.3
gvc-600-150000	6916880	6918706.9	**6913773**	6913832	**6913773**	6913783.9
gvc-700-2500	110920	111025.2	110366	110389.3	**110291**	110339.95
gvc-700-10000	448014	448370.5	446494	446523.8	**446441**	446473.6
gvc-700-50000	2292431	2293462.3	**2289385**	2289409.7	**2289385**	2289407.45
gvc-700-200000	9236108	9237680.7	9231016	9231084.2	**9230818**	9230965.6

续表

实例名称	GA		LSTP		MAGVCP	
	最优解	平均解	最优解	平均解	最优解	平均解
gvc-800-3000	133172	133490.1	132566	132608.1	**132486**	**132519.75**
gvc-800-15000	686910	687222.9	684736	684793.3	**684660**	**684687.6**
gvc-800-90000	4132392	4133602.5	4127662	4127776.7	**4127430**	**4127502.8**
gvc-800-300000	13850013	13851982	13843125	13843395	**13842735**	**13843141.85**
gvc-900-4000	179189	179302.7	178114	178180.6	**177961**	**177990.1**
gvc-900-20000	908868	909502.9	906450	906520	**906284**	**906315.3**
gvc-900-100000	4598756	4600168.3	4593296	4593640.2	**4593192**	**4593281.1**
gvc-900-400000	18490660	18492777	18480313	18481204	**18479996**	**18480914.2**
gvc-1000-5000	222757	222865.7	221435	221523.8	**221202**	**221245.1**
gvc-1000-25000	1141137	1141634	1137631	1137749.4	**1137409**	**1137447.25**
gvc-1000-150000	6895739	6897038.4	6888430.4	6888430.4	**6887553**	**6887936.95**
gvc-1000-450000	20795078	20796913	20783912	20784735.8	**20783791**	**20784648.05**

从表 4.3 中我们可以看到，GA、LSTP 和 MAGVCP 这三种算法都可以在小实例（顶点数小于 100）上找到相同的最优解。对于剩余的实例，GA 只有在实例 gvc-100-1000 上可以找到最优解，在其他实例上都找不到最优解。可以看到，LSTP 和 MAGVCP 在大多数中等规模的实例（顶点数小于 700）上都能得到相同的解，在 6 个实例上，MAGVCP 找到的最优解要优于 LSTP 找到的最优解。在这一点上，我们的 MAGVCP 优于 LSTP。在大规模实例（顶点数量大于等于 700）上，LSTP 很难找到比 MAGVCP 更优或者与 MAGVCP 相同的解。实际上，在大多数大规模实例中，MAGVCP 的性能要优于 LSTP。另外，图 4.4 给出了在随机实例上 MAGVCP 与 LSTP 相比得到的优、劣、相等解的个数。总的来说，在 48 个随机实例中 MAGVCP 可以找到 27 个（56%）与 LSTP 相同的最优解，在另外 21 个（44%）实例上获得了新的上界。在平均解对比方面，MAGVCP 的结果与其他算法相比仍然具有竞争力。实际上，对于这 48 个实例中的 28 个（58%），MAGVCP 能够达到比 LSTP 更好的平均解。在其余 20 个（42%）实例中，MAGVCP 找到的平均

目标值与 LSTP 找到的平均目标值相等。结合问题实例性质我们可发现，在该组实例上，LSTP 求解密度较大实例的能力要优于求解密度较小的实例，而问题实例密度对 GA 和 MAGVCP 的求解能力影响不大。

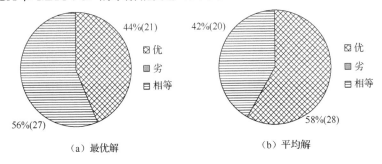

（a）最优解　　　　　　　（b）平均解

图 4.4　MAGVCP 和 LSTP 在随机实例上的对比

表 4.4 列出了 GA、LSTP 和 MAGVCP 三种算法在 DIMACS 实例上的比较结果。我们可以看到，MAGVCP 在所有实例上都优于 GA。图 4.5 对于 DIMACAS 实例 MAGVCP 与 LSTP 相比得到的优、劣、相等解的个数进行了汇总。在 37 个 DIMACS 实例中，有 11 个（30%）实例 MAGVCP 可以找到新的上界，有 23 个（62%）实例 MAGVCP 可以与 LSTP 匹配当前最优解。但是 MAGVP 在 C2000.5、keller6 和 MANN_a81 这 3 个（8%）实例上求解的效果并不好。原因可能是为了减少时间，将 MAGVCP 的基于最佳选择的迭代邻域搜索的迭代次数设置为 3000 次，而将 LSTP 的迭代次数设置为 5000 次。对平均解来说，MAGVCP 在 37 个实例中有 15 个（41%）达到了比 LSTP 更好的平均目标值，有 19 个（51%）实例的平均目标值与 LSTP 相同，其余 3 个（8%）实例的平均目标值不如 LSTP 好。可能由于问题结构特点等原因，该组实例的规模、密度对算法求解能力影响不大。

表 4.4　算法 GA、LSTP 和 MAGVCP 求解 DIMACS 实例实验结果

实例名称	GA		LSTP		MAGVCP	
	最优解	平均解	最优解	平均解	最优解	平均解
brock200_2	463973	464240.1	**463688**	**463688**	**463688**	**463688**
brock200_4	309722	309973	**309531**	**309531**	**309531**	**309531**
brock400_2	916333	916937	**915189**	**915189**	**915189**	**915189**

续表

实例名称	GA		LSTP		MAGVCP	
	最优解	平均解	最优解	平均解	最优解	平均解
brock400_4	911069	911674.1	**910186**	**910186**	**910186**	**910186**
brock800_2	5130090	5131437.1	**5125010**	5125201.7	**5125010**	5125046.6
brock800_4	5151474	5153596.9	5147060	5147124.5	**5146917**	5146932.2
C1000.9	2262241	2263877.5	2257858	2258157.9	**2257591**	2257771.6
C125.9	33912	33993	**33872**	**33872**	**33872**	**33872**
C2000.5	46190391	46193435	**46121485**	**46124017**	46122754	46124509.5
C2000.9	9162112	9163274.7	9146782	9148156.5	**9146396**	9147716.9
C250.9	141586	141718.3	**141175**	**141175**	**141175**	**141175**
C4000.5	185377924	185395979.1	184959788	184963698.7	**184955297**	184962500
C500.9	563954	564370.5	**562820**	562830.5	**562820**	562820
DSJC1000.5	11521197	11523112.3	11512369	11512966.2	**11511970**	11512580.6
DSJC500.5	2861963	2863135.1	**2859856**	**2859856**	**2859856**	**2859856**
gen200_p0.9_44	88307	88387	**88088**	**88088**	**88088**	**88088**
gen200_p0.9_55	87742	87899.2	**87547**	**87547**	**87547**	**87547**
gen400_p0.9_55	361188	361712.4	**360465**	**360465**	**360465**	**360465**
gen400_p0.9_65	358986	360248.1	**358847**	**358847**	**358847**	**358847**
gen400_p0.9_75	363686	365779.6	**363584**	**363584**	**363584**	**363584**
hamming10-4	4021043	4021044.5	**4021043**	**4021043**	**4021043**	**4021043**
hamming8-4	527756	527759.3	**527756**	**527756**	**527756**	**527756**
keller4	230876	231231.6	**230876**	**230876**	**230876**	**230876**
keller5	3389271	3393756.4	**3388658**	**3388658**	**3388658**	**3388658**
keller6	47369027	47401347.2	**46630077**	**46632486.3**	46630186	46656246.1
MANN_a27	30845	30892.1	30779	30787.8	**30774**	30782.2
MANN_a45	86174	86259.9	85931	85953	**85910**	85934.1
MANN_a81	285312	285593.7	**284197**	**284338.9**	284253	284362.3
p_hat1500-1	38816582	38822763.8	38782005	38784934.9	**38781243**	38783883.9
p_hat1500-2	25626489	25633699.8	25586742	25587648.6	**25586348**	25587096.1

续表

实例名称	GA		LSTP		MAGVCP	
	最优解	平均解	最优解	平均解	最优解	平均解
p_hat1500-3	12771405	12773718.8	12758321	12760427.1	**12757552**	**12760147.1**
p_hat300-1	1559586	1560174.9	1558735	1558735	**1558735**	**1558735**
p_hat300-2	1055641	1056075.4	1054814	1054814	**1054814**	**1054814**
p_hat300-3	528405	528695.1	527839	527839	**527839**	**527839**
p_hat700-1	8478542	8479883.6	8473150	8473293.8	**8473031**	**8473102.3**
p_hat700-2	5662698	5664368.4	5657456	5657474.8	**5657456**	**5657456**
p_hat700-3	2819625	2820835	2816383	2816432.7	**2816383**	**2816383**

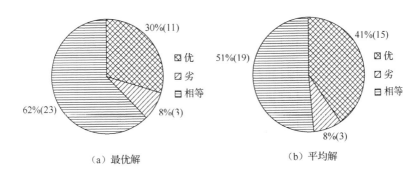

图 4.5 MAGVCP 和 LSTP 在 DIMACAS 实例上的对比

表 4.5 和表 4.6 列出了每个算法运行 20 次后获得最优解的平均时间的对比结果。从表中可以看出，每个算法在不同的实例上运行时间都不同。总体上，LSTP 在 24 个随机实例和 20 个 DIMACS 实例上消耗的时间更少。而 MAGVCP 在 14 个随机实例和 16 个 DIMACS 实例上求解的时间更少。造成这种现象的原因可能是 MAGVCP 有两个层次的迭代，即进化迭代和基于最佳选择的迭代邻域搜索。由于基于最佳选择的迭代邻域搜索的迭代次数设置相对较小，我们需要花费很多时间来寻找最优解。但是，需要注意的是，对于 LSTP 运行速度比 MAGVCP 快的 44 个实例，MAGVCP 可以在 42 个实例上获得更好或相同的结果。

表 4.5　算法 GA、LSTP 和 MAGVCP 在随机实例的求解时间

实例名称	时间/s		
	GA	LSTP	MAGVCP
gvc-30-50	0.1	**0**	**0**
gvc-30-100	0.09	**0**	**0**
gvc-30-200	2.31	**0.01**	**0.01**
gvc-30-400	1.81	**0.01**	0.08
gvc-50-100	0.16	0.05	**0.01**
gvc-50-200	1.56	**0.01**	**0.01**
gvc-50-500	1.32	0.03	**0.02**
gvc-50-1000	1.01	**0.05**	0.14
gvc-100-200	**3.99**	4.29	0.4
gvc-100-500	1.46	**0.03**	0.1
gvc-100-1000	9.56	**0.03**	0.07
gvc-100-4000	32.66	0.44	**0.25**
gvc-200-500	9.11	**4.49**	8.25
gvc-200-2000	27.36	**0.85**	1.78
gvc-200-5000	62.48	**0.59**	0.69
gvc-200-15000	145.07	5.09	**0.95**
gvc-300-1000	16.98	**6.57**	18.29
gvc-300-5000	**46.16**	105.57	**23.89**
gvc-300-20000	207.64	125.02	**16.87**
gvc-300-40000	292.5	104.68	**64.97**
gvc-400-1200	25.3	**8.91**	22.38
gvc-400-5000	55.78	37.47	**10.56**
gvc-400-20000	187.23	317.69	**52.14**
gvc-400-70000	766.9	1550.83	**545.08**
gvc-500-1500	36.05	**20.12**	26.1
gvc-500-5000	58.84	**21.76**	46.57

续表

实例名称	时间/s		
	GA	LSTP	MAGVCP
gvc-500-30000	313.83	987.25	**233.03**
gvc-500-100000	**942.67**	1227.71	938.23
gvc-600-2000	35.75	**20.6**	41.38
gvc-600-8000	**92.75**	140.75	**73.44**
gvc-600-32000	**320.91**	536.61	**299.28**
gvc-600-150000	**1331.29**	2701.72	2397.67
gvc-700-2500	41.81	**31.17**	43.98
gvc-700-10000	126.08	**0.73**	76.96
gvc-700-50000	**517.41**	2672.32	1084.22
gvc-700-200000	**2165.96**	2780.85	2865.63
gvc-800-3000	54.54	**13.92**	52.87
gvc-800-15000	170.28	**76.14**	219.25
gvc-800-90000	**1035.39**	2640.86	2497.4
gvc-800-300000	3342.16	**79.83**	3886.16
gvc-900-4000	58.16	**57.84**	74.6
gvc-900-20000	236.88	**10.79**	330.72
gvc-900-100000	**1045.47**	3074.95	2699.92
gvc-900-400000	4223.65	**1600.19**	4653.27
gvc-1000-5000	78.2	**0.38**	82.74
gvc-1000-25000	262.47	**98.8**	457.91
gvc-1000-150000	1679.66	**278.14**	2433.04
gvc-1000-450000	4822.71	**1579.95**	5525.2

表 4.6　算法 GA、LSTP 和 MAGVCP 在 DIMACS 实例的求解时间

实例名称	时间/s		
	GA	LSTP	MAGVCP
brock200_2	208.67	4.406	**3.039**

续表

实例名称	时间/s		
	GA	LSTP	MAGVCP
brock200_4	143.971	3.431	**1.787**
brock400_2	432.56	47.056	**39.066**
brock400_4	434.167	13.457	**12.739**
brock800_2	2347.388	**1762.483**	4056.914
brock800_4	2378.037	**1957.236**	4976.012
C1000.9	1084.564	**546.141**	1225.516
C125.9	21.727	0.23	**0.122**
C2000.5	7182.854	33.388	**32.884**
C2000.9	4274.212	**0.765**	1.311
C250.9	78.163	1.609	**1.469**
C4000.5	7175.612	296.943	**271.567**
C500.9	283.056	91.438	**40.596**
DSJC1000.5	5285.973	**1215.35**	5443.165
DSJC500.5	1311.31	551.265	**479.23**
gen200_p0.9_44	55.286	**0.349**	0.392
gen200_p0.9_55	56.539	0.475	**0.271**
gen400_p0.9_55	190.163	**0.568**	1.984
gen400_p0.9_65	185.354	0.205	**0.108**
gen400_p0.9_75	185.734	**0.099**	0.237
hamming10-4	1253.957	**3.815**	4.099
hamming8-4	59.678	**0.39**	0.449
keller4	106.147	**1.066**	1.074
keller5	1418.775	12.184	**9.122**
keller6	7191.199	**11.107**	14.785
MANN_a27	35.456	**9.143**	18.313
MANN_a45	83.619	**20.715**	75.059
MANN_a81	240.627	**0.03**	**0.03**

续表

实例名称	时间/s		
	GA	LSTP	MAGVCP
p_hat1500-1	7169.468	**29.831**	40.611
p_hat1500-2	7165.562	**14.573**	21.482
p_hat1500-3	5895.402	**2.211**	4.419
p_hat300-1	711.983	45.491	**24.353**
p_hat300-2	459.433	**5.511**	14.31
p_hat300-3	265.763	43.976	**34.229**
p_hat700-1	3853.782	**1789.091**	4015.888
p_hat700-2	2601.667	**1539.978**	1962.776
p_hat700-3	1309.324	1448.276	1017.581

4.5 本 章 小 结

本章将迭代邻域搜索与基于种群的进化算法相结合,提出了一种求解泛化顶点覆盖问题的模因(MAGVCP)算法。该算法由基于两模式的种群初始化、基于共同元素的交叉操作和基于最佳选择的迭代邻域搜索三个主要部分组成。这里对三个部分做一个回顾。

(1)基于两模式的种群初始化。该算法在种群初始化过程中利用随机和贪心这两种模式生成高质量和多样性的初始解。

(2)基于共同元素的交叉操作。利用基于共同元素的交叉算子生成新的后代解,寻找更有希望的候选解。

(3)基于最佳选择的迭代邻域搜索。设计了基于最佳选择的迭代邻域搜索来改进后代解,即每次迭代从候选解邻居集中寻找一个最好的邻居解来替代当前的候选解。

我们将现有最优的启发式算法与 MAGVCP 进行对比,实验结果表明,在随机实例和 DIMACS 实例上与现有的求解算法相比,本章提出的 MAGVCP 在求解质量上有更好的表现。值得一提的是,MAGVCP 在 48 个随机实例中找到了 21 个新的上界,在 37 个 DIMACS 实例中找到了 11 个新上界。

第 5 章　最小分区顶点覆盖问题的求解

最小分区顶点覆盖问题是最近提出的一个新问题，可以看作是部分顶点覆盖问题的扩展。到目前为止，很少有实践算法来求解该问题。因此，本章提出了一种传统但有效的局部搜索算法即模拟退火算法和一种新的局部搜索算法即分区顶点覆盖的随机局部搜索（P-VCSLS）算法。为了平衡局部搜索和全局搜索，在 P-VCSLS 算法中引入了两阶段交换策略、边加权策略和格局检测策略。在 37 个 DIMACS 基准实例上对两个算法进行了测试，实验结果表明两种算法都是有效的，并对二者进行了比较分析。结果表明，P-VCSLS 在大多数情况下显著优于 SA 算法。

5.1　基　本　概　念

本节先介绍一些基本概念和定义。一个无向图 $G(V_t, E_g)$ 由 n 个顶点、m 条边组成，其中 $V_t = \{v_1, v_2, \cdots, v_n\}$ 为顶点集，$E_g = \{e_1, e_2, \cdots, e_m\}$ 为边集。$e = \{v, u\}$ 表示连接顶点 v 和 u 的边，v 和 u 称为 e 的两个端点。$N(v) = \{u \in V_t \mid (u, v) \in E_g\}$ 表示顶点 v 的开邻居集（简称邻域）。$d(v) = |N(v)|$ 表示顶点 v 的度。如果边子集 $P_1, P_2, \cdots, P_r$ 满足约束条件式（5.1）和式（5.2），则 $P_1, P_2, \cdots, P_r$ 被称为边集 E_g 的一个划分。

$$\bigcup_{i=1}^{r} P_i = E_g，\quad r \text{ 为分区的数量} \tag{5.1}$$

$$P_i \cap P_j = \varnothing，\quad \forall i, j \in \{1, 2, \cdots, r\} \text{ 且 } i \neq j \tag{5.2}$$

定义 5.1：（候选解，candidate solution）对于最小分区顶点覆盖问题，给定一个无向图 $G(V_t, E_g)$，其中 V_t 为顶点集，E_g 为边集，一个顶点子集 $P_t \subseteq V_t$ 为图 G 的候选解。

定义 5.2：（可行解，feasible solution）对于最小分区顶点覆盖问题，给定一

个无向图 $G(V_t, E_g)$，边集 E_g 的一个划分 $P_1, P_2, \cdots, P_r$，每个分区 $P_i(i=1,2,\cdots,r)$ 对应一个正整数参数 k_i，给定一个候选解 $P_t \subseteq V_t$，如果候选解 P_t 至少覆盖每个分区 $P_i(i=1,2,\cdots,r)$ 的 k_i 条边，则称 P_t 为图 G 的可行解。

定义 5.3：（最小部分顶点覆盖问题，minimum partial vertex cover，MPVC）给定一个无向图 $G(V_t, E_g)$ 和一个参数 k，其中 V_t 为顶点集，E_g 为边集，k 为正整数。图 G 的最小部分顶点覆盖问题是找出一个最小基数的顶点子集 $C \subseteq V_t$，使其至少覆盖 E_g 中的 k 条边。最小部分顶点覆盖问题可以用如下的整数规划形式来描述。

$$\min \sum_{v_i \in V_t} x_i \tag{5.3}$$

$$\text{s.t.}\ \ x_i + x_j \geqslant z_e, \forall e = (v_i, v_j) \in E_g \tag{5.4}$$

$$\sum_{e \in E_g} z_e \geqslant k \tag{5.5}$$

$$x_i, x_j, z_e \in \{0,1\}, \forall v_i, v_j \in V_t, e \in E_g \tag{5.6}$$

其中，公式（5.3）为目标函数，即寻找最小基数的部分顶点覆盖，公式（5.4）保证每条被覆盖的边至少有一个端点在候选解中，公式（5.5）描述了与最小顶点覆盖的区别，即需要满足候选解至少覆盖图 G 中的 k 条边。当 $k = |E_g|$ 时，最小部分顶点覆盖问题就规约为经典的最小顶点覆盖问题。最后，公式（5.6）明确约束变量的取值范围。

图 5.1 给出了一个最小部分顶点覆盖的例子，图中含有 7 个顶点、8 条边，参数 k 的值为 4，可以看出子集 {3} 为图 5.1 的最小部分顶点覆盖。

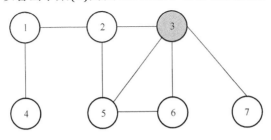

图 5.1　最小部分顶点覆盖为 {3}

定义 5.4：（最小分区顶点覆盖问题）给定一个无向图 $G(V_t, E_g)$，其中 V_t 为顶点集，E_g 为边集，此外，还已知边集 E_g 的一个划分 $P_1, P_2, \cdots, P_r$，其中每个分

区 $P_i(i=1,2,\cdots,r)$ 对应一个正整数参数 k_i。最小分区顶点覆盖问题是找到一个最小基数的顶点子集 $P_i\subseteq V_t$，使其至少覆盖分区 $P_i(i=1,2,\cdots,r)$ 的 k_i 条边。最小分区顶点覆盖问题可以用如下的整数规划形式来描述。

$$\min \sum_{v_i\in V_t} x_i \tag{5.7}$$

$$\text{s.t.}\quad x_i+x_j\geq z_e,\ \forall e=(v_i,v_j)\in E_g \tag{5.8}$$

$$\sum_{e\in P_i} z_e\geq k_i,\ \forall P_i, i=1,2,\cdots,r \tag{5.9}$$

$$x_i,x_j,z_e\in\{0,1\},\ \forall v_i,v_j\in V_t, e\in E_g \tag{5.10}$$

其中，公式（5.7）为目标函数，即寻找最小基数的分区顶点覆盖，公式（5.8）保证每条被覆盖的边至少有一个端点在候选解中，公式（5.9）描述了与最小部分覆盖的区别，即需要满足对于每个分区 P_i，候选解至少覆盖 k_i 条边。当分区数 $r=1$ 且 $k=|E_g|$ 时，最小分区顶点覆盖问题就规约为经典的最小顶点覆盖问题。最后，公式（5.10）明确约束变量的取值范围。

图 5.2 给出了一个最小分区顶点覆盖的例子，图中含有 7 个顶点、8 条边，虚线和实线分别代表分区 P_1 和 P_2，且两个分区满足约束式（5.1）和式（5.2）。$P_1=\{(1,2),(1,4)\}$，$P_2=\{(2,3),(2,5),(3,5),(3,6),(3,7),(5,6)\}$。$P_1$ 对应的参数 $k_1=1$，P_2 对应的参数 $k_2=2$。则顶点子集 $\{2\}$ 表示一个分区顶点覆盖，该子集也是最小分区顶点覆盖。我们注意到边界顶点有时比覆盖更多边的顶点更有可能被选择到候选解中。因此，贪心算法可能不适合求解最小分区顶点覆盖问题。图 5.2 的例子说明了这一现象，我们选择顶点子集 $\{2\}$ 加入候选解中而非顶点子集 $\{1,3\}$，子集 $\{2\}$ 为最优解。

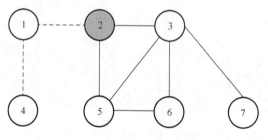

图 5.2　最小分区顶点覆盖为 $\{2\}$

5.2　模拟退火算法求解 P-MVC 问题

模拟退火算法是一种受固体退火过程启发的全局最优化算法[178]。此算法最大的特点是可以以一定的概率进行随机搜索从而找出全局中的最优点。它的核心思想是：采取一种"平衡"的策略对空间进行搜索，一方面接受更优的解，另一方面还可以以一定的概率接受比当前解更差的解，这种方法允许搜索跳出局部最优值从而逐渐找出全局的最优解[179]。文献[180]表明，模拟退火算法比原始迭代改进算法能找到更优的解，具有高效的性能。本章设计了模拟退火算法求解最小分区顶点覆盖问题。算法 5.1 描述了模拟退火的一般框架。

算法 5.1　模拟退火算法框架

SA()

Input: a graph $G(V_t, E_g)$

Output: the best solution found S

---

1. Initialize the candidate solution S_0 greedily. $S \leftarrow S_0$;

2. Initialize parameters. $T_0 \leftarrow 50, T_{min} \leftarrow 0, \alpha \leftarrow 0.95, T \leftarrow T_0$;

3. **while** (time not exceeds)

4. 　　Pick a random neighbor of S, $S_{new} \leftarrow$ neighbor(S);

5. 　　Calculate the cost change between solutions S and S_{new}, $\Delta F \leftarrow f(S) - f(S_{new})$;

6. 　　**if** $\Delta F > 0$ **then**

7. 　　　　accept S_{new};

8. 　　**else if** $\Delta F <= 0$ **then**

9. 　　　　accept S_{new} as the current solution with the probability of $p \leftarrow \exp(-\Delta F / T)$;

10. 　　**end if**

11. 　　Update the best solution;

12. 　　$T \leftarrow T\alpha$;

13. **end while**

14. **return** S;

该算法输入为问题实例即图 G ，返回算法找到的最优解 S 。初始解 $S_0 = \{v_1, v_2, \cdots, v_n\}$ 是一个 n 维布尔向量，如果 v_i 在候选解中则对应的元素为 1，否则为 0。在初始解的建立过程中采用了贪心策略（第 1 行）。我们计算每个顶点的度数，根据度数对顶点进行排序。首先，我们把所有的顶点放入初始解中，在每一步中，我们从初始解中移除最小度的顶点，直到不满足约束条件。接下来初始化相应的参数（第 2 行）。然后用模拟退火过程对初始解进行优化。在模拟退火的循环搜索过程中，尝试删除候选解中尽可能多的顶点，使其仍然构成一个可行解，从而找到尽可能小的分区顶点覆盖（第 3～13 行）。在循环搜索过程中，首先通过邻居函数 neighbor() 找到候选解 S 的邻居集合，即在候选解 S 中随机选择一个 v_i，并将其从 0 翻转到 1（或从 1 翻转到 0）便可得到 S 的一个邻居，从所有满足约束的邻居中随机选择一个赋给 S_{new}（第 4 行）。接下来，分别计算 S 和 S_{new} 的目标函数值，并计算其差值 ΔF（第 5 行）。如果候选解 S_{new} 优于候选解 S，则更新 S，否则以概率 p 接受较差的候选解 S_{new}，随后更新最优解（第 6～11 行）。状态接受概率 p 的定义如下：

$$p = \exp\left(-\Delta F / T\right) \tag{5.11}$$

式中，T 是退火过程的控制参数；ΔF 是目标函数的变化量。在循环迭代的开始 T 具有一个较高的值，可以防止算法陷入局部极小值。随着迭代次数的增加，T 按比例逐渐减小直到为 T_{min}，此时算法收敛于全局最优解。设计概率函数时应满足以下原则：固定温度下，接受使目标函数值下降的候选解的概率要大于使目标函数值上升的候选解的概率；随温度的下降，接受使目标函数值上升的解的概率要逐渐减小；当温度趋于零时，只能接受目标函数值下降的解。实验表明，初温值只要选择充分大，获得高质量解的概率就大，但花费计算时间增加。在本算法中，我们将初温设置为 50，温度更新函数为 T 减小的方式，可以描述为 $T = T\alpha$，其中 $0 < \alpha < 1$，与 Kirkpatrick 等一样，本算法中 α 也设置为 0.95[154]。

5.3　随机局部搜索算法

随机局部搜索算法以其在许多组合优化问题上的良好性能而闻名。例如，在

SAT 问题中，随机局部搜索算法在随机实例上优于基于 DPLL（Davis-Putnam-Logemann-Loveland）的算法[181-183]。现代的基于随机局部搜索的 SAT 求解器可以在合理的时间内求解超大规模实例。在图的问题中还有许多其他随机局部搜索算法的应用，如最大独立集问题、最大团问题和最小支配集问题等。本节介绍随机局部搜索算法求解最小分区顶点覆盖问题。

5.3.1　打分策略

给定一个候选解 $P_t \subseteq V_t$，如果一条边至少有一个端点在 P_t 中，那么我们称这条边被覆盖。一条边的两个端点互为邻居，每条边都对应一个正整数权值 $w_e(e)$，边的权值会随着搜索环境的变化而增加或减少，在 5.3.2 小节会具体介绍。我们用评估函数 $\mathrm{cost}(P_t)$ 来衡量候选解 P_t 的质量，其定义为

$$\mathrm{cost}(P_t) = \sum_{\mathrm{cover}(e,C)=\mathrm{false} \wedge e \in E_g} w_e(e) \qquad (5.12)$$

从公式（5.12）可看出，$\mathrm{cost}(P_t)$ 值为所有未被覆盖边的权重和，这里没有考虑到分区的情况。为指导搜索，我们用 $\mathrm{score}(v)$ 表示移入或移除顶点 v 所带来的收益，其定义如公式（5.13）。

$$\mathrm{score}(v) = \begin{cases} \mathrm{cost}(P_t) - \mathrm{cost}(P_t \setminus \{v\}), & v \in P_t \\ \mathrm{cost}(P_t) - \mathrm{cost}(P_t \cup \{v\}), & v \notin P_t \end{cases} \qquad (5.13)$$

如果 v 在候选解 P_t 中，$\mathrm{score}(v)$ 是非正的，否则 $\mathrm{score}(v)$ 是非负的。我们注意到，此处的打分与第 3 章最小加权顶点覆盖问题的打分类似。不同的是，在最小分区顶点覆盖问题中，边权重的更新与最小加权顶点覆盖问题的边权重更新方法不一样。这里还需要介绍一个概念，如果 P_t 覆盖分区 P_i 中的边数大于等于 k_i，我们说分区 P_i 是被满足的。如果所有分区都被满足，则候选解是可行解。

5.3.2　边加权策略

加权策略已被广泛应用于随机局部搜索算法中。它可以帮助搜索过程跳出局部最优值，引导搜索到一个新的区域。文献[50]、[51]、[53]中采用了加权策略，对求解问题起到了重要作用。

对于最小分区顶点覆盖问题，我们实现了边加权策略，其工作原理如下。在初始化阶段，将每条边的权值 $w_e(e)$ 赋为 1。然后在每次迭代的最后，检查每条边是否被覆盖，对于未覆盖的边，将其权值加 1。此外，当所有边的权值之和超过一个阈值时，使用公式 $w_e(e) = \alpha w_e(e)$ 来平滑权值，从而减小每条边的权值。权值平滑机制就是我们所说的遗忘策略，因为平滑操作会减少最好的顶点和最差的顶点之间的差异，使得未来有机会选择最差的顶点。

5.3.3　两阶段交换策略

在搜索过程中，我们在每次迭代中执行顶点对的交换。现有算法的顶点对交换大多都是在一个阶段完成的，即从候选解 P_t 内和候选解 P_t 外同时选择两个点进行交换，选择顶点对的时间复杂度为 $O(|P_t||V_t \setminus P_t|)$。而本章提出的算法不同，该算法采用的是两阶段交换来实现顶点对的交换，即分别选择要从候选解 P_t 中移除和加入候选解 P_t 中的顶点，完成此过程算法的时间复杂度为 $O(|P_t| + |V_t \setminus P_t|)$。两阶段交换顶点对所花费的时间明显少于同时交换的时间，同时交换顶点对要比两阶段交换顶点对更贪心，但这种好处不能弥补其时间成本，因此两阶段交换策略能更好地平衡获得候选解的质量和时间代价，从而能够有效提高算法的效率。

在两阶段交换策略中，第一阶段是从候选解 P_t 中移除顶点，该过程我们优先选择分数最高的顶点，如果有多个满足条件的顶点则从中选择自顶点状态改变后所经过迭代次数最多的顶点。移除分数最高的顶点会使候选解 P_t 的评估函数增加最少。第二阶段是从候选解外选择一个顶点移入候选解中，该阶段算法从不被满足的分区中选择得分最高的顶点，如果有多个满足条件的顶点同样也从中选择自顶点状态改变后所经过迭代次数最多的顶点。从不被满足的分区中选择得分最高的顶点，可以正确地引导搜索，从而有效地提高算法的性能。

5.3.4　格局检测策略

格局检测策略由蔡少伟研究员等提出[51]，用于避免局部搜索中的循环问题，现已被广泛应用于求解最小顶点覆盖问题、SAT 问题、支配集问题等。格局检测策略的各种变形版本如加权格局检测策略、带有特赦准则的格局检测策略、双层格局检测策略等已被研究学者提出来避免循环问题，并起到了很好的效果。

对于最小分区顶点覆盖问题，我们将一个顶点的格局定义为该点所有邻居的状态，顶点的状态是指该点是否在候选解中。本章提出的随机局部搜索算法采用了原始的格局检测策略，该策略的基本思想可描述如下：给定一个顶点，如果该顶点的格局自该点移除候选解后没有发生改变，则禁止该点添加到候选解中。只有在选择加入顶点时我们考虑顶点的格局，而在删除顶点时不需要考虑顶点的格局。格局检测策略的实现和更新规则与第 3 章带有特赦准则的格局检测策略相同。

5.3.5　P-VCSLS 算法框架

在上述策略的基础上，我们设计了随机局部搜索算法 P-VCSLS 求解最小分区顶点覆盖问题。P-VCSLS 算法的框架如算法 5.2 所示。算法首先是构造一个初始候选解 P_t，并将最优解 P_t^* 初始值设为 P_t（第 1、2 行）。其构造方法是将所有顶点放入候选解中，很显然这一定是一个可行候选解。

在初始化之后，进入外层循环搜索来提高初始解的质量，循环结束条件为达到给定的运行时间（第 2～18 行）。在循环的开始，我们增加每个顶点的时间戳，即记录每个顶点状态改变之后所经过的迭代次数（第 4 行）。然后进入内层循环，每次循环检查当前候选解 P_t 是否是可行解，如果是可行解则更新最优解 P_t^*，并从当前候选解中删除一个顶点后进入下一次循环，直到候选解变为不可行解（第 5～9 行）。该删除操作生成一个更小的候选解，假设此过程删除了 $k > 0$ 个顶点，接下来的目标就是寻找含有 $|P_t| - k$ 个顶点的分区顶点覆盖。寻找的方法就是不断交换候选解内和候选解外的顶点，即在第 5.3.3 小节介绍的两阶段交换策略。该策略的第一个阶段是移除阶段，在该阶段我们在候选解中选择一个得分最大的顶点，如果有多个满足条件的顶点则选择时间戳最大的顶点，并从候选解中移除该点（第 10、11 行）。该策略的第二个阶段是移入顶点，在该阶段随机选择一个不被满足的分区，然后在不属于候选解且不被格局检测策略禁止的所有顶点中选择一个分数最大的顶点，如果有多个满足条件的顶点则选择时间戳最大的，并将该顶点加

入候选解中（第 12、13 行）。注意，在移入和移除顶点过程中，我们会更新所选顶点和它邻居顶点的格局。

在迭代结束时，算法会检查每条边是否被覆盖，增加每条未被覆盖边的权重（第 14 行）。如果权重的总和大于一个阈值，我们通过将权重乘以一个从 0 到 1 的因子来平滑权重。平滑操作会减少顶点之间的差异，减少权重相对较大顶点的影响，使得未来有机会选择较差的顶点（第 15～17 行）。最后算法返回所找到的最优解 P_t^*（第 18 行）。

算法 5.2　　P-VCSLS 算法框架

P-VCSLS()

Input: a graph $G = (V_t, E_g)$

Output: a partition vertex cover P_t of G

---

1. $P_t \leftarrow$ initSolution();

2. $P_t^* \leftarrow P_t$;

3. **while** (time not exceeds)

4. 　　increaseTimeStamp(); //increase current timestamp

5. 　　**while** (isCurrentSolutionSatisfied())

6. 　　　　$P_t^* \leftarrow$ copyToBestSolution(); //remember current solution

7. 　　　　$v \leftarrow$ pickVertexToExclude();

8. 　　　　removeVertex(v);

9. 　　**end while**

10. 　　$v \leftarrow$ pickVertexToExclude();

11. 　　removeVertex(v);

12. 　　$v \leftarrow$ pickVertexToInclude();

13. 　　addVertex(v);

14. 　　increaseUncoveredEdgeWeight();

15. 　　**if** sum of all edges's weight is larger than threshold th **then**

16. 　　　　smoothWeight();

17. 　　**end if**

18. **end while**

19. **return** P_t^*;

5.4　实　验　分　析

本节主要对我们提出的求解最小分区顶点覆盖问题的随机局部搜索算法进行测试，并与基准模拟退火算法进行对比，从而说明我们提出算法的有效性。本节先介绍基准实例，然后对实验结果进行对比分析。

5.4.1　基准实例

DIMACS 实例的类型非常丰富，包括结构化实例和随机实例，已被广泛应用于图论上的多种问题，在第 3 章和第 4 章我们已用于测试最小加权顶点覆盖问题和泛化顶点覆盖问题。本章我们选取了 37 个具有代表性的实例用于测试最小分区顶点覆盖问题。这些实例包含从顶点数为 125、边数为 787 到顶点数为 4000、边数为 39997732 的不同规模图。

然而，现有的实例不能直接用来测试最小分区顶点覆盖问题，原因是这些实例中没有任何分区。我们人为地将边集 E_g 划分为 r 个分区 $P_1, P_2, \cdots, P_r$，其中 r 设置为 $\log_2 |E_g|$，每个分区的边数是随机的，但稳定在 $|E_g| / r$ 左右。我们为每个分区选择边时，用深度优先搜索算法，即每一步都要选择前一个顶点的邻边，然后移动到下一个顶点，直到边数满足条件为止。为了充分测试随机局部搜索算法的性能，我们生成了不同的边覆盖率 k（10%~90%）。也就是说，可行解必须至少覆盖每个分区 P_i 的 $k|P_i|(i=1,2,\cdots,r)$ 条边。

5.4.2　实验结果

在本章中，我们用 C 语言编写随机局部搜索算法和模拟退火算法，用 GNU g++ 进行编译。我们的实验是在配置为 Intel® Xeon®E7-4830 CPU（2.13 GHz）的计算机上进行的。两个算法的终止条件是达到给定的运行时间。由于实例中包含较大的图，因此根据经验将运行时间设置为 180s，既不太大也不太小。两种算法的相关控制参数如表 5.1 和表 5.2 所示。

表 5.1　　模拟退火算法相关参数

参数	含义	取值
T_0	the initial temperature	50
α	one constant to decrease temperature	0.95
T_{min}	the lower limit of temperature	0
time	runtime	180(s)

表 5.2　　随机局部搜索算法相关参数

参数	含义	取值
α	smooth weight factor	0.5
th	smooth threshold	$5\,|E_g|$
time	runtime	180(s)

　　表 5.3～表 5.11 分别列出了随机局部搜索算法和模拟退火算法在 DIMACS 实例上边覆盖率为 10%到 90%的实验结果。本章表中加粗的值表示两个算法在同一实例中获得较好的解。从这些解中可以得出结论,无论在较大规模实例还是较小规模实例上,P-VCSLS 算法在大多数情况下得到的结果都要优于 SA 算法,在很少的实例上 P-VCSLS 算法没有 SA 算法找到的最优解好。因此,总的来说 P-VCSLS 算法具有较高的性能。

表 5.3　　DIMACS 实例上覆盖率为 10%的实验结果

实例名称	顶点数	边数	最优解	
			SA	P-VCSLS
C125.9.mis-9-10	125	787	**5**	**5**
C4000.5.mis-21-10	4000	3997732	**205**	**205**
p_hat700-3.mis-15-10	700	61640	27	**26**
p_hat1500-1.mis-19-10	1500	839327	**69**	**69**
p_hat300-3.mis-13-10	300	11460	12	**11**
p_hat1500-2.mis-19-10	1500	555290	55	**54**
brock400_2.mis-14-10	400	20014	20	**19**
C2000.9.mis-17-10	2000	199468	**94**	95

实例名称	顶点数	边数	最优解	
			SA	P-VCSLS
C2000.5.mis-19-10	2000	999164	104	**102**
p_hat1500-3.mis-18-10	1500	277006	55	**54**
brock200_2.mis-13-10	200	10024	11	**10**
brock200_4.mis-12-10	200	6811	11	**10**
brock400_4.mis-14-10	400	20035	20	**19**
brock800_2.mis-16-10	800	111434	41	**40**
brock800_4.mis-16-10	800	111957	44	**40**
C250.9.mis-11-10	250	3141	11	**10**
C500.9.mis-13-10	500	12418	23	**22**
C1000.9.mis-15-10	1000	49421	**45**	46
DSJC500.5.mis-15-10	500	62126	**25**	**25**
DSJC1000.5.mis-17-10	1000	249674	**51**	**51**
gen200_p0.9_44.mis-10-10	200	1990	10	**8**
gen200_p0.9_55.mis-10-10	200	1990	9	**7**
gen400_p0.9_55.mis-12-10	400	7980	16	**15**
gen400_p0.9_65.mis-12-10	400	7980	18	**16**
gen400_p0.9_75.mis-12-10	400	7980	17	**16**
hamming8-4.mis-13-10	256	11776	33	**14**
hamming10-4.mis-16-10	1024	89600	184	**54**
keller4.mis-12-10	171	5100	17	**9**
keller5.mis-16-10	776	74710	104	**41**
keller6.mis-19-10	3361	1026582	266	**183**
MANN_a27.mis-9-10	378	702	9	**6**
MANN_a45.mis-10-10	1035	1980	14	**11**
MANN_a81.mis-12-10	3321	6480	24	**19**
p_hat300-1.mis-15-10	300	33917	15	**14**
p_hat300-2.mis-14-10	300	22922	**12**	**12**
p_hat700-1.mis-17-10	700	183651	**33**	**33**
p_hat700-2.mis-16-10	700	122922	**26**	**26**

表 5.4　DIMACS 实例上覆盖率为 20%的实验结果

实例名称	顶点数	边数	最优解	
			SA	P-VCSLS
C125.9.mis-9-20	125	787	10	**9**
C4000.5.mis-21-20	4000	3997732	424	**422**
p_hat700-3.mis-15-20	700	61640	52	**51**
p_hat1500-1.mis-19-20	1500	839327	146	**141**
p_hat300-3.mis-13-20	300	11460	27	**23**
p_hat1500-2.mis-19-20	1500	555290	111	**110**
brock400_2.mis-14-20	400	20014	39	**38**
C2000.9.mis-17-20	2000	199468	194	**192**
C2000.5.mis-19-20	2000	999164	215	**208**
p_hat1500-3.mis-18-20	1500	277006	112	**109**
brock200_2.mis-13-20	200	10024	21	**20**
brock200_4.mis-12-20	200	6811	22	**20**
brock400_4.mis-14-20	400	20035	41	**38**
brock800_2.mis-16-20	800	111434	85	**80**
brock800_4.mis-16-20	800	111957	86	**80**
C250.9.mis-11-20	250	3141	27	**21**
C500.9.mis-13-20	500	12418	45	**43**
C1000.9.mis-15-20	1000	49421	99	**92**
DSJC500.5.mis-15-20	500	62126	53	**50**
DSJC1000.5.mis-17-20	1000	249674	104	**103**
gen200_p0.9_44.mis-10-20	200	1990	16	**15**
gen200_p0.9_55.mis-10-20	200	1990	17	**15**
gen400_p0.9_55.mis-12-20	400	7980	32	**31**
gen400_p0.9_65.mis-12-20	400	7980	34	**32**
gen400_p0.9_75.mis-12-20	400	7980	34	**32**
hamming8-4.mis-13-20	256	11776	54	**27**

续表

实例名称	顶点数	边数	最优解	
			SA	P-VCSLS
hamming10-4.mis-16-20	1024	89600	310	**107**
keller4.mis-12-20	171	5100	27	**19**
keller5.mis-16-20	776	74710	136	**86**
keller6.mis-19-20	3361	1026582	490	**389**
MANN_a27.mis-9-20	378	702	15	**13**
MANN_a45.mis-10-20	1035	1980	22	**19**
MANN_a81.mis-12-20	3321	6480	51	**36**
p_hat300-1.mis-15-20	300	33917	32	**29**
p_hat300-2.mis-14-20	300	22922	26	**23**
p_hat700-1.mis-17-20	700	183651	67	**66**
p_hat700-2.mis-16-20	700	122922	52	**51**

表 5.5　DIMACS 实例上覆盖率为 30%的实验结果

实例名称	顶点数	边数	最优解	
			SA	P-VCSLS
C125.9.mis-9-30	125	787	15	**14**
C4000.5.mis-21-30	4000	3997732	652	**649**
p_hat700-3.mis-15-30	700	61640	82	**79**
p_hat1500-1.mis-19-30	1500	839327	**217**	**217**
p_hat300-3.mis-13-30	300	11460	38	**35**
p_hat1500-2.mis-19-30	1500	555290	173	**169**
brock400_2.mis-14-30	400	20014	62	**60**
C2000.9.mis-17-30	2000	199468	**302**	303
C2000.5.mis-19-30	2000	999164	**320**	324
p_hat1500-3.mis-18-30	1500	277006	173	**170**
brock200_2.mis-13-30	200	10024	35	**31**
brock200_4.mis-12-30	200	6811	34	**30**

续表

实例名称	顶点数	边数	最优解	
			SA	P-VCSLS
brock400_4.mis-14-30	400	20035	63	**60**
brock800_2.mis-16-30	800	111434	127	**125**
brock800_4.mis-16-30	800	111957	128	**126**
C250.9.mis-11-30	250	3141	34	**32**
C500.9.mis-13-30	500	12418	72	**69**
C1000.9.mis-15-30	1000	49421	148	**145**
DSJC500.5.mis-15-30	500	62126	**80**	**80**
DSJC1000.5.mis-17-30	1000	249674	164	**161**
gen200_p0.9_44.mis-10-30	200	1990	25	**23**
gen200_p0.9_55.mis-10-30	200	1990	26	**23**
gen400_p0.9_55.mis-12-30	400	7980	53	**49**
gen400_p0.9_65.mis-12-30	400	7980	53	**50**
gen400_p0.9_75.mis-12-30	400	7980	54	**49**
hamming8-4.mis-13-30	256	11776	63	**41**
hamming10-4.mis-16-30	1024	89600	389	**162**
keller4.mis-12-30	171	5100	40	**26**
keller5.mis-16-30	776	74710	158	**123**
keller6.mis-19-30	3361	1026582	732	**529**
MANN_a27.mis-9-30	378	702	**20**	**20**
MANN_a45.mis-10-30	1035	1980	41	**39**
MANN_a81.mis-12-30	3321	6480	**76**	81
p_hat300-1.mis-15-30	300	33917	48	**44**
p_hat300-2.mis-14-30	300	22922	37	**36**
p_hat700-1.mis-17-30	700	183651	**101**	**101**
p_hat700-2.mis-16-30	700	122922	**80**	**80**

表 5.6 DIMACS 实例上覆盖率为 40%的实验结果

实例名称	顶点数	边数	最优解	
			SA	P-VCSLS
C125.9.mis-9-40	125	787	21	**19**
C4000.5.mis-21-40	4000	3997732	903	**887**
p_hat700-3.mis-15-40	700	61640	112	**110**
p_hat1500-1.mis-19-40	1500	839327	301	**300**
p_hat300-3.mis-13-40	300	11460	50	**48**
p_hat1500-2.mis-19-40	1500	555290	241	**238**
brock400_2.mis-14-40	400	20014	84	**82**
C2000.9.mis-17-40	2000	199468	419	**412**
C2000.5.mis-19-40	2000	999164	450	**442**
p_hat1500-3.mis-18-40	1500	277006	237	**235**
brock200_2.mis-13-40	200	10024	45	**42**
brock200_4.mis-12-40	200	6811	45	**41**
brock400_4.mis-14-40	400	20035	86	**82**
brock800_2.mis-16-40	800	111434	173	**171**
brock800_4.mis-16-40	800	111957	182	**171**
C250.9.mis-11-40	250	3141	**45**	45
C500.9.mis-13-40	500	12418	101	**96**
C1000.9.mis-15-40	1000	49421	205	**199**
DSJC500.5.mis-15-40	500	62126	110	**107**
DSJC1000.5.mis-17-40	1000	249674	225	**221**
gen200_p0.9_44.mis-10-40	200	1990	34	**32**
gen200_p0.9_55.mis-10-40	200	1990	36	**32**
gen400_p0.9_55.mis-12-40	400	7980	**68**	68
gen400_p0.9_65.mis-12-40	400	7980	75	**69**
gen400_p0.9_75.mis-12-40	400	7980	72	**69**
hamming8-4.mis-13-40	256	11776	87	**55**

续表

实例名称	顶点数	边数	最优解	
			SA	P-VCSLS
hamming10-4.mis-16-40	1024	89600	456	**218**
keller4.mis-12-40	171	5100	49	**36**
keller5.mis-16-40	776	74710	196	**194**
keller6.mis-19-40	3361	1026582	1015	**730**
MANN_a27.mis-9-40	378	702	28	**27**
MANN_a45.mis-10-40	1035	1980	**70**	85
MANN_a81.mis-12-40	3321	6480	**149**	179
p_hat300-1.mis-15-40	300	33917	62	**60**
p_hat300-2.mis-14-40	300	22922	51	**49**
p_hat700-1.mis-17-40	700	183651	**142**	142
p_hat700-2.mis-16-40	700	122922	112	**111**

表 5.7　DIMACS 实例上覆盖率为 50% 的实验结果

实例名称	顶点数	边数	最优解	
			SA	P-VCSLS
C125.9.mis-9-50	125	787	29	**26**
C4000.5.mis-21-50	4000	3997732	**1159**	1161
p_hat700-3.mis-15-50	700	61640	147	**145**
p_hat1500-1.mis-19-50	1500	839327	401	**394**
p_hat300-3.mis-13-50	300	11460	67	**64**
p_hat1500-2.mis-19-50	1500	555290	312	**310**
brock400_2.mis-14-50	400	20014	111	**107**
C2000.9.mis-17-50	2000	199468	547	**541**
C2000.5.mis-19-50	2000	999164	580	**574**
p_hat1500-3.mis-18-50	1500	277006	311	**310**
brock200_2.mis-13-50	200	10024	60	**55**
brock200_4.mis-12-50	200	6811	57	**53**

续表

实例名称	顶点数	边数	最优解	
			SA	P-VCSLS
brock400_4.mis-14-50	400	20035	112	**107**
brock800_2.mis-16-50	800	111434	227	**223**
brock800_4.mis-16-50	800	111957	227	**223**
C250.9.mis-11-50	250	3141	63	**58**
C500.9.mis-13-50	500	12418	130	**127**
C1000.9.mis-15-50	1000	49421	268	**261**
DSJC500.5.mis-15-50	500	62126	145	**140**
DSJC1000.5.mis-17-50	1000	249674	290	**289**
gen200_p0.9_44.mis-10-50	200	1990	45	**43**
gen200_p0.9_55.mis-10-50	200	1990	45	**42**
gen400_p0.9_55.mis-12-50	400	7980	94	**91**
gen400_p0.9_65.mis-12-50	400	7980	98	**92**
gen400_p0.9_75.mis-12-50	400	7980	93	**91**
hamming8-4.mis-13-50	256	11776	112	**70**
hamming10-4.mis-16-50	1024	89600	452	**277**
keller4.mis-12-50	171	5100	63	**46**
keller5.mis-16-50	776	74710	263	**216**
keller6.mis-19-50	3361	1026582	1337	**946**
MANN_a27.mis-9-50	378	702	**45**	45
MANN_a45.mis-10-50	1035	1980	**93**	122
MANN_a81.mis-12-50	3321	6480	535	**301**
p_hat300-1.mis-15-50	300	33917	80	**79**
p_hat300-2.mis-14-50	300	22922	66	**65**
p_hat700-1.mis-17-50	700	183651	188	**184**
p_hat700-2.mis-16-50	700	122922	148	**146**

表 5.8　DIMACS 实例上覆盖率为 60%的实验结果

实例名称	顶点数	边数	最优解	
			SA	P-VCSLS
C125.9.mis-9-60	125	787	37	**32**
C4000.5.mis-21-60	4000	3997732	1455	**1453**
p_hat700-3.mis-15-60	700	61640	190	**186**
p_hat1500-1.mis-19-60	1500	839327	507	**499**
p_hat300-3.mis-13-60	300	11460	84	**81**
p_hat1500-2.mis-19-60	1500	555290	402	**396**
brock400_2.mis-14-60	400	20014	140	**136**
C2000.9.mis-17-60	2000	199468	691	**679**
C2000.5.mis-19-60	2000	999164	726	**721**
p_hat1500-3.mis-18-60	1500	277006	402	**397**
brock200_2.mis-13-60	200	10024	72	**69**
brock200_4.mis-12-60	200	6811	70	**67**
brock400_4.mis-14-60	400	20035	139	**136**
brock800_2.mis-16-60	800	111434	290	**280**
brock800_4.mis-16-60	800	111957	284	**280**
C250.9.mis-11-60	250	3141	80	**74**
C500.9.mis-13-60	500	12418	162	**158**
C1000.9.mis-15-60	1000	49421	337	**330**
DSJC500.5.mis-15-60	500	62126	178	**176**
DSJC1000.5.mis-17-60	1000	249674	369	**358**
gen200_p0.9_44.mis-10-60	200	1990	60	**55**
gen200_p0.9_55.mis-10-60	200	1990	60	**56**
gen400_p0.9_55.mis-12-60	400	7980	123	**116**
gen400_p0.9_65.mis-12-60	400	7980	125	**119**
gen400_p0.9_75.mis-12-60	400	7980	122	**114**
hamming8-4.mis-13-60	256	11776	133	**86**

实例名称	顶点数	边数	最优解	
			SA	P-VCSLS
hamming10-4.mis-16-60	1024	89600	530	**338**
keller4.mis-12-60	171	5100	68	**57**
keller5.mis-16-60	776	74710	320	**259**
keller6.mis-19-60	3361	1026582	1539	**1126**
MANN_a27.mis-9-60	378	702	61	**60**
MANN_a45.mis-10-60	1035	1980	285	**158**
MANN_a81.mis-12-60	3321	6480	835	**425**
p_hat300-1.mis-15-60	300	33917	107	**100**
p_hat300-2.mis-14-60	300	22922	84	**83**
p_hat700-1.mis-17-60	700	183651	**234**	234
p_hat700-2.mis-16-60	700	122922	189	**187**

表 5.9　DIMACS 实例上覆盖率为 70%的实验结果

实例名称	顶点数	边数	最优解	
			SA	P-VCSLS
C125.9.mis-9-70	125	787	43	**39**
C4000.5.mis-21-70	4000	3997732	1793	**1784**
p_hat700-3.mis-15-70	700	61640	234	**233**
p_hat1500-1.mis-19-70	1500	839327	629	**620**
p_hat300-3.mis-13-70	300	11460	103	**101**
p_hat1500-2.mis-19-70	1500	555290	520	**499**
brock400_2.mis-14-70	400	20014	173	**168**
C2000.9.mis-17-70	2000	199468	860	**843**
C2000.5.mis-19-70	2000	999164	899	**887**
p_hat1500-3.mis-18-70	1500	277006	519	**499**
brock200_2.mis-13-70	200	10024	89	**86**
brock200_4.mis-12-70	200	6811	87	**83**

续表

实例名称	顶点数	边数	最优解	
			SA	P-VCSLS
brock400_4.mis-14-70	400	20035	176	**167**
brock800_2.mis-16-70	800	111434	352	**345**
brock800_4.mis-16-70	800	111957	354	**347**
C250.9.mis-11-70	250	3141	98	**92**
C500.9.mis-13-70	500	12418	203	**196**
C1000.9.mis-15-70	1000	49421	424	**410**
DSJC500.5.mis-15-70	500	62126	221	**218**
DSJC1000.5.mis-17-70	1000	249674	455	**441**
gen200_p0.9_44.mis-10-70	200	1990	73	**69**
gen200_p0.9_55.mis-10-70	200	1990	70	**69**
gen400_p0.9_55.mis-12-70	400	7980	153	**146**
gen400_p0.9_65.mis-12-70	400	7980	156	**149**
gen400_p0.9_75.mis-12-70	400	7980	150	**142**
hamming8-4.mis-13-70	256	11776	139	**103**
hamming10-4.mis-16-70	1024	89600	646	**401**
keller4.mis-12-70	171	5100	90	**70**
keller5.mis-16-70	776	74710	385	**309**
keller6.mis-19-70	3361	1026582	1753	**1558**
MANN_a27.mis-9-70	378	702	123	**85**
MANN_a45.mis-10-70	1035	1980	428	**245**
MANN_a81.mis-12-70	3321	6480	1263	**770**
p_hat300-1.mis-15-70	300	33917	130	**125**
p_hat300-2.mis-14-70	300	22922	110	**105**
p_hat700-1.mis-17-70	700	183651	**290**	**290**
p_hat700-2.mis-16-70	700	122922	234	**233**

表 5.10　DIMACS 实例上覆盖率为 80% 的实验结果

实例名称	顶点数	边数	最优解	
			SA	P-VCSLS
C125.9.mis-9-80	125	787	53	**48**
C4000.5.mis-21-80	4000	3997732	2197	**2189**
p_hat700-3.mis-15-80	700	61640	**292**	292
p_hat1500-1.mis-19-80	1500	839327	773	**768**
p_hat300-3.mis-13-80	300	11460	**127**	127
p_hat1500-2.mis-19-80	1500	555290	635	**626**
brock400_2.mis-14-80	400	20014	212	**207**
C2000.9.mis-17-80	2000	199468	1068	**1041**
C2000.5.mis-19-80	2000	999164	1103	**1091**
p_hat1500-3.mis-18-80	1500	277006	646	**626**
brock200_2.mis-13-80	200	10024	108	**106**
brock200_4.mis-12-80	200	6811	105	**103**
brock400_4.mis-14-80	400	20035	210	**207**
brock800_2.mis-16-80	800	111434	434	**427**
brock800_4.mis-16-80	800	111957	437	**428**
C250.9.mis-11-80	250	3141	118	**115**
C500.9.mis-13-80	500	12418	255	**245**
C1000.9.mis-15-80	1000	49421	523	**509**
DSJC500.5.mis-15-80	500	62126	271	**269**
DSJC1000.5.mis-17-80	1000	249674	553	**543**
gen200_p0.9_44.mis-10-80	200	1990	90	**87**
gen200_p0.9_55.mis-10-80	200	1990	88	**87**
gen400_p0.9_55.mis-12-80	400	7980	188	**181**
gen400_p0.9_65.mis-12-80	400	7980	197	**179**
gen400_p0.9_75.mis-12-80	400	7980	191	**175**
hamming8-4.mis-13-80	256	11776	160	**122**

续表

实例名称	顶点数	边数	最优解	
			SA	P-VCSLS
hamming10-4.mis-16-80	1024	89600	689	**469**
keller4.mis-12-80	171	5100	99	**86**
keller5.mis-16-80	776	74710	452	**388**
keller6.mis-19-80	3361	1026582	2078	**1600**
MANN_a27.mis-9-80	378	702	167	**116**
MANN_a45.mis-10-80	1035	1980	517	**329**
MANN_a81.mis-12-80	3321	6480	1664	**1038**
p_hat300-1.mis-15-80	300	33917	**157**	**157**
p_hat300-2.mis-14-80	300	22922	132	**131**
p_hat700-1.mis-17-80	700	183651	360	**358**
p_hat700-2.mis-16-80	700	122922	**292**	293

表 5.11　DIMACS 实例上覆盖率为 90% 的实验结果

实例名称	顶点数	边数	最优解	
			SA	P-VCSLS
C125.9.mis-9-90	125	787	63	**59**
C4000.5.mis-21-90	4000	3997732	2734	**2708**
p_hat700-3.mis-15-90	700	61640	384	**378**
p_hat1500-1.mis-19-90	1500	839327	974	**973**
p_hat300-3.mis-13-90	300	11460	169	**165**
p_hat1500-2.mis-19-90	1500	555290	**803**	804
brock400_2.mis-14-90	400	20014	264	**257**
C2000.9.mis-17-90	2000	199468	1321	**1301**
C2000.5.mis-19-90	2000	999164	1363	**1351**
p_hat1500-3.mis-18-90	1500	277006	807	**806**
brock200_2.mis-13-90	200	10024	135	**132**
brock200_4.mis-12-90	200	6811	132	**127**

续表

实例名称	顶点数	边数	最优解	
			SA	P-VCSLS
brock400_4.mis-14-90	400	20035	263	**258**
brock800_2.mis-16-90	800	111434	536	**533**
brock800_4.mis-16-90	800	111957	542	**532**
C250.9.mis-11-90	250	3141	148	**143**
C500.9.mis-13-90	500	12418	317	**304**
C1000.9.mis-15-90	1000	49421	651	**632**
DSJC500.5.mis-15-90	500	62126	339	**337**
DSJC1000.5.mis-17-90	1000	249674	682	**674**
gen200_p0.9_44.mis-10-90	200	1990	115	**108**
gen200_p0.9_55.mis-10-90	200	1990	112	**107**
gen400_p0.9_55.mis-12-90	400	7980	241	**233**
gen400_p0.9_65.mis-12-90	400	7980	249	**216**
gen400_p0.9_75.mis-12-90	400	7980	238	**228**
hamming8-4.mis-13-90	256	11776	193	**156**
hamming10-4.mis-16-90	1024	89600	763	**604**
keller4.mis-12-90	171	5100	113	**107**
keller5.mis-16-90	776	74710	555	**486**
keller6.mis-19-90	3361	1026582	2397	**2153**
MANN_a27.mis-9-90	378	702	198	**148**
MANN_a45.mis-10-90	1035	1980	670	**464**
MANN_a81.mis-12-90	3321	6480	2244	**1534**
p_hat300-1.mis-15-90	300	33917	200	**196**
p_hat300-2.mis-14-90	300	22922	**168**	171
p_hat700-1.mis-17-90	700	183651	454	**452**
p_hat700-2.mis-16-90	700	122922	**375**	378

5.5　本　章　小　结

　　本章提出了两种局部搜索算法来求解以往启发式算法从未求解过的最小分区顶点覆盖问题。由于以往的结果无法比较，我们采用了两种经典算法，并对两者进行了比较。在 37 个不同覆盖率的 DIMACS 基准图上的实验结果表明，在大多数情况下，P-VCSLS 算法可以比 SA 算法获得更优的解。在 P-VCSLS 中使用了四种策略，即打分策略、边加权策略、格局检测策略和两阶段交换策略。打分策略帮助算法选择合适的顶点移入或移除候选解。同时，为了避免过早地收敛，我们采用边加权策略来帮助算法跳出局部最优。格局检测策略有助于缓解搜索过程中的循环现象。两阶段交换策略通过从候选解中分别移除和移入顶点来降低目标函数值。这是一种降低局部搜索时间复杂度的有效方法。结合这四个有效的策略，P-VCSLS 算法可以有效地求解 DIMCAS 问题实例。

第6章 总 结

顶点覆盖问题是重要的组合优化问题，在多个领域有着广泛的应用，已有研究者对其子问题进行了深入的研究，但仍然存在很大的提升空间。本书针对其三个关键子问题，即最小加权顶点覆盖问题、泛化顶点覆盖问题和最小分区顶点覆盖问题展开研究。这三个问题都是重要的 NP 难组合优化问题，具有重要的理论意义和实用价值。本书针对不同问题的特点设计了不同的求解策略，并基于这些求解策略设计了高效的启发式算法求解这三个问题。具体地，本书的贡献如下。

针对最小加权顶点覆盖问题，本书提出了一个高效的局部搜索算法（NuMWVC）。

（1）在初始化阶段，利用四个约简规则对大规模图进行约简，从而构造高质量的初始候选解。

（2）考虑顶点的环境信息，提出了带有特赦准则的格局检测策略用于避免局部搜索过程中的循环问题。

（3）在删除顶点阶段，提出自适应顶点删除策略，在该策略中删除顶点的个数随着搜索的进行自适应地改变，使得算法可以快速找到质量较高的候选解。

根据以上技术，本书设计出 NuMWVC 算法求解最小加权顶点覆盖问题。NuMWVC 算法在 LPI、BHOSLIB、DIMACS 实例上都分别找到了 1 个新上界，在超大规模的 86 个实例上找到了 73 个新上界，在实际问题的 14 个实例上找到了 9 个新上界。

针对泛化顶点覆盖问题，本书提出了模因算法（MAGVCP）。

（1）在初始化阶段，利用基于随机和贪心的双模式构造方法构造高质量和多样性的初始种群。

（2）泛化顶点覆盖问题高质量的解通常具有大量的共同元素，这些元素很有可能成为最优解的一部分。算法利用基于共同元素的交叉算子进行交叉操作，以保证父代中相同基因复制到后代中。

（3）在基于最佳选择的迭代邻域搜索过程中，每次迭代从候选解邻居集中寻找一个最好的邻居解来替代当前的候选解。

基于以上策略，本书设计了 MAGVCP 求解泛化顶点覆盖问题。MAGVCP 算法在 48 个泛化顶点覆盖问题随机实例中找到了 21 个新的上界，在 37 个 DIMACS 实例中找到了 11 个新上界。

针对最小分区顶点覆盖问题，本书提出了模拟退火算法（SA）和随机局部搜索算法（P-VCSLS）。

（1）实现了基准算法模拟退火来求解最小分区顶点覆盖问题用于实验对比。

（2）在搜索陷入局部最优时，更新边的权重，从而改变顶点的分数，使得算法能够跳出局部最优并向更优的方向进行搜索。

（3）在顶点对交换过程中，分两阶段进行交换来降低算法的时间复杂度，更好地平衡候选解的质量和时间代价。

（4）利用格局检测策略有效避免循环搜索，减少时间的浪费，从而提高算法的效率。

据我们所知，鲜有实践类算法求解最小分区顶点覆盖问题，因此本书仅将模拟退火算法作为基准算法与随机局部搜索算法进行对比。通过在 DIMACS 实例上不同覆盖率的对比，我们得知对于不同的覆盖率，随机局部搜索算法在大多数情况下得到的结果都要优于模拟退火算法。

参 考 文 献

[1] 刘振宏, 蔡茂诚. 组合最优化算法和复杂性[M]. 北京: 清华大学出版社, 1988.

[2] Lu H, Zhou R R, Cheng S, et al. Multi-center variable-scale search algorithm for combinatorial optimization problems with the multimodal property[J]. Applied Soft Computing, 2019, 84: 105726.

[3] Ji X Y, Ye H, Zhou J X, et al. An improved teaching-learning-based optimization algorithm and its application to a combinatorial optimization problem in foundry industry[J]. Applied Soft Computing, 2017, 57: 504-516.

[4] Bouhmala N, Hjelmervik K, Øvergaard K I. A generalized variable neighborhood search for combinatorial optimization problems[J]. Electronic Notes in Discrete Mathematics, 2015, 47: 45-52.

[5] Dorigo M, Gambardella L M. Ant colony system: A cooperative learning approach to the traveling salesman problem[J]. IEEE Transactions on Evolutionary Computation, 1997, 1(1): 53-66.

[6] Dorigo M, Gambardella L M. Ant-Q: A reinforcement learning approach to the traveling salesman problem[C]. Proceedings of ML-95, Twelfth Intern. Conf. on Machine Learning. 2016: 252-260.

[7] Anderson R, Ashlagi I, Gamarnik D, et al. Finding long chains in kidney exchange using the traveling salesman problem[J]. Proceedings of the National Academy of Sciences, 2015, 112(3): 663-668.

[8] Tas D, Gendreau M, Jabali O, et al. The traveling salesman problem with time-dependent service times[J]. European Journal of Operational Research, 2016, 248(2): 372-383.

[9] Chen Y N, Hao J K. The bi-objective quadratic multiple knapsack problem: Model and heuristics[J]. Knowledge-Based Systems, 2016, 97: 89-100.

[10] Chen Y N, Hao J K. Iterated responsive threshold search for the quadratic multiple knapsack problem[J]. Annals of Operations Research, 2015, 226(1): 101-131.

[11] Chen Y N, Hao J K. A "reduce and solve" approach for the multiple-choice multidimensional knapsack problem[J]. European Journal of Operational Research, 2014, 239(2): 313-322.

[12] Sghir I, Hao J K, Jaafar I B, et al. A distributed hybrid algorithm for the graph coloring problem[C]. International Conference on Artificial Evolution (Evolution Artificielle). Springer International Publishing, 2015: 205-218.

[13] Tazir K, Ali Y M B. Colouring graph by the kernel P system[J]. International Journal of Reasoning-Based Intelligent Systems, 2015, 7(3-4): 286-295.

[14] Porumbel D C, Hao J K, Kuntz P. A study of evaluation functions for the graph *k*-coloring problem[C]. International Conference on Artificial Evolution (Evolution Artificielle). Berlin, Heidelberg: Springer, 2007: 124-135.

[15] Desmedt Y, Pieprzyk J, Steinfeld R, et al. Graph coloring applied to secure computation in non-abelian groups[J]. Journal of Cryptology, 2012, 25(4): 557-600.

[16] Zhang K, Deng M H, Chen T, et al. A dynamic programming algorithm for haplotype block partitioning[J]. Proceedings of the National Academy of Sciences, 2002, 99(11):7335-7339.

[17] Lawler E L, Wood D E. Branch and bound methods: A survey[J]. Operations Research, 1966, 14(4):699-719.

[18] Cook W, Coullard C R, Turán G. On the complexity of cutting-plane proofs[J]. Discrete Applied Mathematics, 1987, 18(1):25-38.

[19] Lourenço H R, Martin O C, Stützle T. Iterated local search[M]// Handbook of Metaheuristics. Boston, M A: Springer, 2003: 320-353.

[20] Everett III H. Generalized lagrange multiplier method for solving problems of optimum allocation of resources[J]. Operations Research, 1963, 11(3): 399-417.

[21] Glover F. Tabu search: A tutorial[J]. Interfaces, 1990, 20(4): 74-94.

[22] Goldberg D E, Holland J H. Genetic algorithms and machine learning[J]. Machine Learning, 1988, 3(2): 95-99.

[23] 王辰尹, 倪耀东, 柯华. 模糊环境下的最小权顶点覆盖问题[J].计算机应用研究, 2012, 29(1): 38-42.

[24] Gomes F C, Meneses C N, Pardalos P M, et al. Experimental analysis of approximation algorithms for the vertex cover and set covering problems[J]. Computers & Operations Research, 2006, 33(12):3520-3534.

[25] Barth L, Niedermann B, Nollenburg M, et al. Temporal map labeling: A new unified framework with experiments[C]. 24th ACM SIGSPATIAL International Conference on Advances in Geographic Information Systems, 2016: 1-23.

[26] Paik D, Sahni S. Network upgrading problems[J]. Networks, 2010, 26(1):45-58.

[27] Krumke S O, Marathe M V, Noltemeier H, et al. Improving minimum cost spanning trees by upgrading nodes[J]. Journal of Algorithms, 1999, 33: 92-111.

[28] Charikar M, Khuller S, Mount D M, et al. Algorithms for facility location problems with outliers[C]. In Proceedings of the Twelfth Annual ACM-SIAM Symposium on Discrete Algorithms, 2001: 642-651.

[29] Caskurlu B, Gehani A, Bilgin C C, et al. Analytical models for risk-based intrusion response[J]. Computer Networks, 2013, 57(10):2181-2192.

[30] Caskurlu B, Mkrtchyan V, Parekh O, et al. On partial vertex cover and budgeted maximum coverage problems in bipartite graphs[J]. SIAM Journal on Discrete Mathematics, 2014, 31(3): 2172-2184.

[31] Boginski V, Butenko S, Pardalos P M. Mining market data: A network approach[J]. Computers & Operations Research, 2006, 33(11):3171-3184.

[32] Fang Z W, Chu Y, Qiao K, et al. Combining edge weight and vertex weight for minimum vertex cover problem[C]. International Workshop on Frontiers in Algorithmics. Cham: Springer International Publishing, 2014: 71-81.

[33] Karp R M. Reducibility among combinatorial problems[C]. Complexity of Computer Computations. Boston, MA: Springer, 1972: 85-103.

[34] Dinur I, Safra S. On the hardness of approximating minimum vertex cover[J]. Annals of Mathematics, 2005, 162(2): 439-486.

[35] Halperin E. Improved approximation algorithms for the vertex cover problem in graphs and hypergraphs[J]. SIAM Journal on Computing, 2002, 31(5): 1608-1623.

[36] Karakostas G. A better approximation ratio for the vertex cover problem[C]. International Colloquium on Automata, Languages, and Programming. Berlin, Heidelberg: Springer, 2005: 1043-1050.

[37] Katreni Č J. A faster FPT algorithm for 3-path vertex cover[J]. Information Processing Letters, 2016, 116(4):273-278.

[38] Stege U, Fellows M R, Raman V. An improved fixed-parameter algorithm for vertex cover[C]. Information Processing Letters, 1998, 65(3): 163-168.

[39] Niedermeier R, Rossmanith P. On efficient fixed-parameter algorithms for weighted vertex cover[J]. Algorithms, 2003, 47: 63-77.

[40] Iwata Y, Oka K, Yoshida Y. Linear-time FPT algorithms via network flow[C]. Proceedings of the Twenty-Fifth Annual ACM-SIAM Symposium on Discrete Algorithms, Portland, OR, USA, 2014: 1749-1761.

[41] Cygan M, Pilipczuk M. Split vertex deletion meets vertex cover: New fixed-parameter and exact exponential-time algorithms[C]. Information Processing Letters, 2013, 113: 179-182.

[42] Abu-Khzam F N, Langston M A, Suters W H. Fast, effective vertex cover kernelization: A tale of two algorithms[C]. In Proceedings of the ACS/IEEE International Conference on Computer Systems & Applications, Cairo, Egypt, 2005: 3-6.

[43] 陈吉珍, 宁爱兵, 支志兵, 等. 最小顶点覆盖问题的加权分治算法[J]. 运筹与管理, 2015, 24(5): 151-155.

[44] Akiba T, Iwata Y. Branch-and-reduce exponential/FPT algorithms in practice: A case study of vertex cover[J]. Theoretical Computer Science, 2016,609: 211-225.

[45] Wang L Z, Hu S L, Li M Y, et al. An exact algorithm for minimum vertex cover problem[J]. Mathematics, 2019, 7: 603.

[46] Khuri S, Bäck T. An evolutionary heuristic for the minimum vertex cover problem[C]. Genetic Algorithms Within the Framework of Evolutionary Computation, 1994: 86-90.

[47] Chen J N, Kanj I A, Jia W J. Vertex cover: Further observations and further improvements[J]. Journal of Algorithms, 2001, 41(2):280-301.

[48] Xu X S, Ma J. An efficient simulated annealing algorithm for the minimum vertex cover problem[J]. Neurocomputing, 2006, 69: 913-916.

[49] Richter S, Helmert M, Gretton C. A stochastic local search approach to vertex cover[C]. Annual Conference on Artificial Intelligence, Springer Berlin Heidelberg, 2007: 412-426.

[50] Cai S W, Su K L, Chen Q L. EWLS: A new local search for minimum vertex cover[C]. Proceedings of the Twenty-Fourth AAAI Conference on Artificial Intelligence, Atlanta, Georgia, USA, 2010: 45-50.

[51] Cai S W, Su K L, Sattar A. Local search with edge weighting and configuration checking heuristics for minimum vertex cover[J]. Artificial Intelligence, 2011, 175(9): 1672-1696.

[52] Ugurlu O. New heuristic algorithm for unweighted minimum vertex cover[C]. Problems of Cybernetics and Informatics (PCI), 2012 IV International Conference, IEEE, 2012: 1-4.

[53] Cai S W, Su K L, Luo C, et al. NuMVC: An efficient local search algorithm for minimum vertex cover[J]. Journal of Artificial Intelligence Research, 2013, 46: 687-716.

[54] Cai S W, Lin J K, Su K L. Two weighting local search for minimum vertex cover[C]. Proceedings of the Twenty-Ninth AAAI Conference on Artificial Intelligence, Austin, Texas, USA, 2015: 1107-1113.

[55] Cai S W. Balance between complexity and quality: Local search for minimum vertex cover in massive graphs[C]. Proceedings of the Twenty-Fourth International Joint Conference on Artificial Intelligence (IJCAI), Buenos Aires, Argentina, 2015: 25-31.

[56] Cai S W, Lin J K, Luo C. Finding a small vertex cover in massive sparse graphs: Construct, local search, and preprocess[J]. Journal of Artificial Intelligence Research, 2017, 59: 463-494.

[57] Fan Y, Li C G, Ma Z J, et al. Exploiting reduction rules and data structures: Local search for minimum vertex cover in massive graphs[J]. arXiv preprint arXiv: 1509.05870, 2015.

[58] Ma Z J, Fan Y, Su K L, et al. Local search with noisy strategy for minimum vertex cover in massive graphs[C]. Pacific Rim International Conference on Artificial Intelligence. Springer International Publishing, 2016: 283-294.

[59] Chen J K, Lin Y J, Li J J, et al. A rough set method for the minimum vertex cover problem of graphs[J]. Applied Soft Computing, 2016,42: 360-367.

[60] Komusiewicz M, Katzmann M. Systematic exploration of larger local search neighborhoods for the minimum vertex cover problem[C]. Proceedings of the Thirty-first AAAI Conference on Artificial Intelligence, 2017: 846-852.

[61] Khattab H, Sharieh A, Mahafzah B A. Most valuable player algorithm for solving minimum vertex cover problem[C]. 2019 IEEE International Conference on Innovative Trends in Computer Engineering (ITCE'2019), IEEE, 2019.

[62] Chen Y N, Hao J K. Dynamic thresholding search for minimum vertex cover in massive sparse graphs[J]. Engineering Applications of Artificial Intelligence, 2019, 15(3): 76-84.

[63] Luo C, Hoos H H, Cai S W, et al. Local search with efficient automatic configuration for minimum vertex cover[C]. IJCAI, 2019: 1297-1304.

[64] Tang C B, Li A, Li X. Asymmetric game: A silver bullet to weighted vertex cover of networks[J]. IEEE Transactions on Cybernetics, 2017, 48(10): 2994-3005.

[65] Wang L M, Du W X, Zhang Z, et al. A PTAS for minimum weighted connected vertex cover P_3 problem in 3-dimensional wireless sensor networks[J]. Journal of Combinatorial Optimization, 2017, 33(1):106-122.

[66] Shiue W T. Novel state minimization and state assignment in finite state machine design for low-power portable devices[J]. Integration the VLSI Journal, 2005, 38(4):549-570.

[67] Chen J E, Kanj L A, Xia G. Improved parameterized upper bounds for vertex cover[C]. In International Symposium on Mathematical Foundations of Computer Science. Berlin, Heidelberg: Springer, 2006: 238-249.

[68] 王永裴, 宁爱兵, 陈吉珍, 等. 加权最小顶点覆盖的加权分治算法[J]. 小型微型计算机系统, 2015, 5(5): 1082-1084.

[69] Xu H, Kumar T K S, Koenig S. A new solver for the minimum weighted vertex cover problem[C]. International Conference on AI and OR Techniques in Constraint Programming for Combinatorial Optimization Problems, 2016: 392-405.

[70] Wang L Z, Li C M, Zhou J P, et al. An exact algorithm for minimum weight vertex cover problem in large graphs[J]. arXiv preprint arXiv:1903.05948,2019.

[71] Chvatal V. A greedy heuristic for the set-covering problem[J]. Mathematics of Operations Research, 1979, 4(3):233-235.

[72] Shyu S J, Yin P Y, Lin B M T. An ant colony optimization algorithm for the minimum weight vertex cover problem[J]. Annals of Operations Research, 2004, 131(1-4): 283-304.

[73] Jovanovic R, Tuba M. An ant colony optimization algorithm with improved pheromone correction strategy for the minimum weight vertex cover problem[J]. Applied Soft Computing, 2011, 11(8): 5360-5366.

[74] Balachandar S R, Kannan K. A meta-heuristic algorithm for vertex covering problem based on gravity[J]. International Journal of Mathematical and Statistical Sciences, 2009, 1(3): 130-136.

[75] Balaji S, Venkatasubramanian S, Kannan K. An effective algorithm for minimum weighted vertex cover problem[J]. International Journal of Computational and Mathematical Sciences, 2010, 4(1): 34-38.

[76] Voß S, Fink A. A hybridized tabu search approach for the minimum weight vertex cover problem[J]. Journal of Heuristics, 2012, 18(6): 869-876.

[77] Bouamama S, Blum C, Boukerram A. A population-based iterated greedy algorithm for the minimum weight vertex cover problem[J]. Applied Soft Computing, 2012, 12(6): 1632-1639.

[78] Zhou T Q, Lü Z P, Wang Y, et al. Multi-start iterated tabu search for the minimum weight vertex cover problem[J]. Journal of Combinatorial Optimization, 2016, 32(2): 368-384.

[79] 周淘晴. 最小权顶点覆盖和线性排序问题的求解算法研究[D]. 武汉: 华中科技大学, 2019.

[80] Li R Z, Hu S L, Zhang H C, et al. An efficient local search framework for the minimum weighted vertex cover problem[J]. Information Sciences, 2016, 372: 428-445.

[81] Xie X J, Qin X L, Yu C Q, et al. Test-cost-sensitive rough set based approach for minimum weight vertex cover problem[J]. Applied Soft Computing, 2017, 64:423-435.

[82] Li Y J, Cai S W, Hou W Y. An efficient local search algorithm for minimum weighted vertex cover on massive graphs[M]//Shi Y, et al. Simulated Evolution and Learning. SEAL 2017. Lecture Notes in Computer Science, vol 10593. Cham: Springer. https://doi.org/10.1007/978-3-319-68759-9_13.

[83] Cai S W, Li Y J, Hou W Y, et al. Towards faster local search for minimum weight vertex cover on massive graphs[J]. Information Sciences, 2018, 471(1): 64-79.

[84] Cai S W, Hou W Y, Lin J K, et al. Improving local search for minimum weight vertex cover by dynamic strategies[C]. IJCAI, 2017: 1412-1418.

[85] Pourhassan M, Friedrich T, Neumann F. On the use of the dual formulation for minimum weighted vertex cover in evolutionary algorithms[C]. The 14th ACM/SIGEVO Conference, 2017: 37-44.

[86] Nakajima M, Xu H, Koenig S, et al.Towards understanding the min-sum message passing algorithm for the minimum weighted vertex cover problem: An analytical approach[C]. The International Symposium on Artificial Intelligence and Mathematics, 2018: 1-9.

[87] Jovanovic R, Voß S. Fixed Set Search Applied to the Minimum Weighted Vertex Cover Problem[Z]//Kotsireas I, Pardalos P, Parsopoulos K, et al. Analysis of Experimental Algorithms. SEA 2019. Lecture Notes in Computer Science, 2019: 490-504.

[88] Sun C H, Wang X C, Qiu H X, et al. A game theoretic solver for the minimum weighted vertex cover[C]. 2019 IEEE International Conference on Systems, Man and Cybernetics (SMC), 2019: 1920-1925.

[89] Wang Y, Sun Y Q, Liu Q Y. Research on algorithms for setting up advertising platform based on minimum weighted vertex covering[C]. The 9th International Conference on Computer Engineering and Networks(CENet2019), 2019: 427-434.

[90] Fang Z W, Li C M, Qiao K, et al. Solving maximum weight clique using maximum satisfiability reasoning[C]. ECAI, 2014: 303-308.

[91] Verma A, Buchanan A, Butenko S. Solving the maximum clique and vertex coloring problems on very large sparse networks[J]. INFORMS Journal on Computing, 2015, 27(1): 164-177.

[92] Wang Y Y, Cai S W, Yin M H. Local search for minimum weight dominating set with two-level configuration checking and frequency based scoring function[C]. IJCAI, 2017: 5090-5094.

[93] Dahlum J, Lamm S, Sanders P, et al. Accelerating local search for the maximum independent set problem[C]. International Symposium on Experimental Algorithms, 2016: 118-133.

[94] Wang Y Y, Cai S W, Yin M H. Two efficient local search algorithms for maximum weight clique problem[C]. Proceedings of the Thirtieth AAAI Conference on Artificial Intelligence, 2016: 805-811.

[95] Li C M, Jiang H, Xu R C. Incremental MaxSAT reasoning to reduce branches in a branch-and-bound algorithm for MaxClique[C]. In Learning and Intelligent Optimization, 2015: 268-274.

[96] Li R I, Hu S L, Cai S W, et al. NuMWVC: A novel local search for minimum weighted vertex cover problem[J]. Journal of the Operational Research Society, 2020,71(9):1498-1509.

[97] Hassin R, Levin A. The minimum generalized vertex cover problem[J]. ACM Transactions on Algorithms, 2006,2: 66-78.

[98] Kochenberger G, Lewis M, Glover F, et al. Exact solutions to generalized vertex covering problems: A comparison of two models[J]. Optimization Letters, 2015, 9(7):1331-1339.

[99] Milanovic M. Solving the generalized vertex cover problem by genetic algorithm[J]. Computing and Informatics, 2010, 29:1251-1265.

[100] Chandu D P. A parallel genetic algorithm for generalized vertex cover problem[J]. arXiv preprint arXiv:1411.7612, 2014.

[101] Li R Z, Hu S L, Wang Y Y, et al. A local search algorithm with tabu strategy and perturbation mechanism for generalized vertex cover problem[J]. Neural Computing and Applications, 2017, 28(7): 1775-1875.

[102] Lam A Y S, Li V O K. Chemical-reaction-Inspired metaheuristic for optimization[J]. IEEE Transactions on Evolutionary Computation, 2010, 14(3):381-399.

[103] Xu J, Lam A Y S, Li V O K. Chemical reaction optimization for task scheduling in grid computing[J]. IEEE Transactions on Parallel and Distributed Systems: A Publication of the IEEE Computer Society, 2011, 22(10): 1624-1631.

[104] Nayak J, Paparao S, Naik B, et al. Chemical reaction optimization: A survey with application and challenges[M]//Soft Computing in Data Analytics. Singapore: Springer, 2019: 507-524.

[105] Islam M R, Arif I H, Shuvo R H. Generalized vertex cover using chemical reaction optimization[J]. Applied Intelligence, 2019, 49:2546-2566.

[106] Hu S L, Li R Z, Zhao P, et al. A hybrid metaheuristic algorithm for generalized vertex cover problem[J]. Memetic Computing, 2018, 10(2):165-176.

[107] Zhang X, Li X T, Wang J N. Local search algorithm with path relinking for single batch-processing machine scheduling problem[J]. Neural Computing and Applications, 2017, 28: S313-S326.

[108] Samma H, Lim C P, Saleh J M, et al. A memetic-based fuzzy support vector machine model and its application to license plate recognition[J]. Memetic Computing, 2016, 8(3): 235-251.

[109] Mohanty P K, Parhi D R. A new hybrid optimization algorithm for multiple mobile robots navigation based on the CS-ANFIS approach[J]. Memetic Computing, 2015, 7(4):255-273.

[110] Wang G G, Guo L H, Gandomi A H, et al. Chaotic krill herd algorithm[J]. Information Science, 2014, 274:17-34.

[111] Bera S K, Gupta S, Kumar A, et al. Approximation algorithms for edge partitioned vertex cover problems[J]. arXiv:1112.1945, 2012.

[112] Bshouty N H, Burroughs L. Massaging a linear programming solution to give a 2-approximation for a generalization of the vertex cover problem[C]. STACS 98, 1998: 298-308.

[113] Hochbaum D S. The t-vertex cover problem: Extending the half integrality framework with budget constraints[C]. Approximation Algorithms for Combinatorial Optimization, 1998: 111-122.

[114] Bar-Yehuda R. Using homogeneous weights for approximating the partial cover problem[J]. Journal of Algorithms, 2001, 39(2):137-144.

[115] Halperin E, Srinivasan A. Improved approximation algorithms for the partial vertex cover problem[C]. Approximation Algorithms for Combinatorial Optimization, 2002: 161-174.

[116] Mestre J. A Primal-dual approximation algorithm for partial vertex cover: Making educated guesses[J]. Algorithmica, 2005, 3624: 182-191.

[117] Kneis J, Langer A, Rossmanith P. Improved upper bounds for partial vertex cover[C]. International Workshop on Graph-Theoretic Concepts in Computer Science, 2008: 240-251.

[118] Damaschke P. Pareto complexity of two-parameter FPT problems: A case study for partial vertex cover[C]. Parameterized & Exact Computation, International Workshop, 2009: 110-121.

[119] Ouali M E, Fohlin H, Srivastav A. An approximation algorithm for the partial vertex cover problem in hypergraphs[J]. Journal of Combinatorial Optimization, 2012, 31(2): 846-864.

[120] Mkrtchyan V, Petrosyan G, Subramani K. Parameterized algorithms for partial vertex covers in bipartite graphs[J]. Combinatorial Algorithms, 2020, 12126: 395-408.

[121] Zhou Y P, Wang Y Y, Gao J, et al. An efficient local search for partial vertex cover problem[J]. Neural Computing & Applications, 2018, 30(7): 2245-2256.

[122] Zhou Y P, Qiu C Z, Wang Y Y, et al. An improved memetic algorithm for the partial vertex cover problem[J]. IEEE Access, 2019, 7: 17389-17402.

[123] Bera S K, Gupta S, Kumar A, et al. Approximation algorithms for the partition vertex cover problem[J]. Theoretical Computer Science, 2014, 555:2-8.

[124] Garey R M, Johnson D S. Computers and Tractability: A Guide to the Theory of NP-Completeness[M]. NewYork: Freeman and Company, 1979: 58.

[125] Bock F. An algorithm for solving travelling-salesman and related network optimization problems[J]. Operations Research, 1958, 6(6): 897-897.

[126] Croes G A. A method for solving traveling-salesman problems[J]. Operations Research, 1958, 6(6): 791-812.

[127] Mansour I B, Basseur M, Saubion F. A multi-population algorithm for multi-objective knapsack problem[J]. Applied Soft Computing, 2018, 70:814-825.

[128] Wei Z Q, Hao J K. Kernel-based tabu search for the set-union knapsack problem[J]. Expert Systems with Applications, 2021, 163(1): 113802.

[129] Sun W, Hao J K, Lai X J, et al. Adaptive feasible and infeasible tabu search for weighted vertex coloring[J]. Information Sciences, 2018, 466: 203-219.

[130] Zhou Y M, Duval B, Hao J K. Improving probability learning based local search for graph coloring[J]. Applied Soft Computing, 2018, 65: 542-553.

[131] Abdel-Basset M, Manogaran G, Abdel-Fatah L, et al. An improved nature inspired meta-heuristic algorithm for 1-D bin packing problems[J]. Personal and Ubiquitous Computing, 2018, 22(5-6):1117-1132.

[132] Silva A C, Borges C C H. An improved heuristic based genetic algorithm for bin packing problem[C]. 2019 8th Brazilian Conference on Intelligent Systems (BRACIS), 2019.

[133] Vergeylen N, Srensen K, Vansteenwegen P. Large neighborhood search for the bike request scheduling problem[J]. International Transactions in Operational Research, 2020, 27(6): 2695-2714.

[134] Kulkarni S, Patil R, Krishnamoorthy M. A new two-stage heuristic for the recreational vehicle scheduling problem[J]. Computers & Operations Research, 2018, 91(3): 59-78.

[135] Hoos H H, Stützle T. Stochastic Local Search: Foundations and Applications[M]. San Francisco, CA, USA: Morgan Kaufmann, 2005.

[136] Snyman J A, Fatti L P. A multi-start global minimization algorithm with dynamic search trajectories[J]. Journal of Optimization Theory and Applications, 1987, 54(1): 121-141.

[137] Codenotti B, Manzini G, Margara L, et al. Perturbation: An efficient technique for the solution of very large instances of the Euclidean TSP[J]. INFORMS Journal on Computing, 1996, 8(2): 125-133.

[138] Parkes A J. Scaling properties of pure random walk on random 3-SAT[C]. International Conference on Principles and Practice of Constraint Programming, Springer, Berlin Heidelberg, 2002: 708-713.

[139] Cai S W, Su K L. Configuration checking with aspiration in local search for SAT[C]. Proceedings of the Twenty-Sixth AAAI Conference on Artificial Intelligence, Toronto, Ontario, Canada, 2012: 435-440.

[140] Michiels W, Aarts E, Korst J. Theoretical Aspects of Local Search[M]. Berlin: Springer Science & Business Media, 2007.

[141] Glover F W, Laguna M. Tabu Search[M]. Boston, MA: Springer, 1999.

[142] Moscato P. On evolution, search, optimization, genetic algorithms and martial arts: Towards memetic algorithms[R]. Caltech Concurrent Computation Program, Technical Report, 1989.

[143] 刘漫丹. 文化基因算法研究进展[J]. 自动化技术与应用, 2007, 11: 1-5.

[144] Gutin G, Karapetyan D. A memetic algorithm for the generalized traveling salesman problem[J]. Natural Computing, 2010, 9(1):47-60.

[145] Mavrovouniotis M, Müller F M, Yang S X. An ant colony optimization based memetic algorithm for the dynamic travelling salesman problem[C]. Proceeding of Genetic and Evolutionary Computation Conference (GECCO15), ACM, 2015: 49-56.

[146] Lin G, Zhu W X, Ali M M. An effective hybrid memetic algorithm for the minimum weight dominating set problem[J]. IEEE Transactions on Evolutionary Computation, 2016, 20(6):892-907.

[147] Liao C C, Ting C K. A novel integer-coded memetic algorithm for the set k-cover problem in wireless sensor networks[J]. IEEE Transactions on Cybernetics, 2018, 48(8): 2245-2258.

[148] Gonsalves T, Kuwata K. Memetic algorithm for the nurse scheduling problem[J]. International Journal of Artificial Intelligence & Applications, 2015, 6(4):43-52.

[149] Harris M, Berretta R, Inostroza-Ponta M, et al. A memetic algorithm for the quadratic assignment problem with parallel local search[C]. Evolutionary Computation, IEEE, 2015: 838-845.

[150] Radcliffe N J, Surry P D. Formal memetic algorithms[J]. Evolutionary Computing, 1994, 865: 1-14.

[151] 王赞.基于染色体自交叉 Memetic 算法的教学调度问题研究[D].天津: 天津大学, 2009.

[152] 周玉宇.基于 Memetic 算法的套料与切割优化方法研究[D]. 武汉: 华中科技大学, 2012.

[153] Metropolis N, Rosenbluth A W, Rosenbluth M N, et al. Equation of state calculations by fast computing machines[J]. The journal of chemical physics, 1953, 21(6): 1087-1092.

[154] Kirkpatrick S, Gelatt Jr C D, Vecchi M P. Optimization by simulated annealing[J]. Science, 1983, 220(4598):671-680.

[155] Bouchet A. Greedy algorithm and symmetric matroids[J]. Mathematical Programming, 1987, 38(2):147-159.

[156] Bohachevsky I O, Johnson M E, Stein M L. Generalized simulated annealing for function optimization[J]. Technometrics, 1986, 28(3):209-217.

[157] 赵博研.基于改进模拟退火算法的项目选择优化方法研究[D]. 长春:东北师范大学, 2019.

[158] Wang Y Y, Cai S W, Pan S W, et al. Reduction and local search for weighted graph coloring problem[C]. Proceedings of the Thirty-Fourth AAAI Conference on Artificial Intelligence, 2020: 2433-2441.

[159] Gao J, Chen J J, Yin M H, et al. An exact algorithm for maximum k-plexes in massive graphs[C]. IJCAI, 2018: 1449-1455.

[160] Chen J E, Kanj I A, Xia G. Improved upper bounds for vertex cover[J]. Theoretical Computer Science, 2010, 411(40): 3736-3756.

[161] Wang Y Y, Ouyang D T, Zhang L M, et al. A novel local search for unicost set covering problem using hyperedge configuration checking and weight diversity[J]. SCIENCE CHINA Information Sciences. 2017, 60(6): 062103.

[162] Cai S W, Su K L. Local search for boolean satisfiability with configuration checking and subscore[J]. Artificial Intelligence, 2013, 204: 75-98.

[163] Luo C, Cai S W, Su K L, et al. Clause states based configuration checking in local search for satisfiability[J]. IEEE Transactions on Cybernetics, 2015, 45(5): 1014-1027.

[164] Luo C, Cai S W, Wu W, et al. CCLS: An efficient local search algorithm for weighted maximum satisfiability[J]. IEEE Transactions on Computers, 2014, 64(7): 1830-1843.

[165] 周俊萍, 任雪亮, 殷茜, 等. 求解 MinSAT 问题的加强式格局检测与子句加权算法[J]. 计算机学报, 2018, 41(4): 745-759.

[166] Li R Z, Liu H, Wu X L, et al. An efficient local search algorithm for the minimum k-dominating set problem[J]. IEEE Access, 2018, 6(10): 62062-62075.

[167] Li R Z, Hu S L, Liu H, et al. Multi-start local search algorithm for the minimum connected dominating set problems[J]. Mathematics, 2019, 7(12): 1173.

[168] Johnson D S, Trick M A. Cliques, Coloring, and Satisfiability: Second Dimacs Implementation Challenge[M]. Providence, RI: American Mathematical Soc., 1996.

[169] Xu K, Boussemart F, Hemery F, et al. Random constraint satisfaction: Easy generation of hard (satisfiable) instances[J]. Artificial Intelligence, 2007, 171(8): 514-534.

[170] Rossi R A, Ahmed N K. The network data repository with interactive graph analytics and visualization[C]. In Proceedings of the Twenty-Ninth AAAI Conference on Artificial Intelligence, 2015: 4292-4293.

[171] Wang G G, Guo L H, Wang H Q, et al. Incorporating mutation scheme into krill herd algorithm for global numerical optimization[J]. Neural Computing and Applications, 2014, 24(3-4): 853-871.

[172] Calian D A, Bacardit J. Integrating memetic search into the BioHEL evolutionary learning system for large-scale datasets[J]. Memetic Computing, 2013, 5(2):95-130.

[173] Nama S, Saha A K, Ghosh S. A hybrid symbiosis organisms search algorithm and its application to real world problems[J]. Memetic Computing, 2017, 9(3):261-280.

[174] Blum C, Puchinger J, Raidl G R, et al. Hybrid metaheuristics in combinatorial optimization: A survey[J]. Applied Soft Computing, 2011, 11(6): 4135-4151.

[175] Xie S D, Wang Y Y. Construction of tree network with limited delivery latency in homogeneous wireless sensor networks[J]. Wireless Personal Communications, 2014, 78(1): 231-246.

[176] Chen B J, Shu H Z, Coatrieux G, et al. Color image analysis by quaternion-type moments[J]. Journal of Mathematical Imaging and Vision, 2015, 51(1):124-144.

[177] Guo J, Niedermeier R, Wernicke S. Parameterized complexity of vertex cover variants[J]. Theory of Computing Systems, 2007, 41(3): 501-520.

[178] Hwang C R. Simulated annealing: Theory and applications[J]. Acta Applicandae Mathematica, 1988, 12(1):108-111.

[179] 孙为国. 基于模拟退火的 WSN 定位算法的研究和改进[D]. 南京: 南京邮电大学, 2019.

[180] Pham D T, Karaboga D. Intelligent Optimization Techniques, Genetic Algorithms, Tabu Search, Simulated Annealing and Neural Networks[M]. London: Springer, 2000.

[181] Khudabukhsh A R, Xu L, Hoos H H, et al. SATenstein: Automatically building local search SAT solvers from components[J]. Artificial Intelligence, 2016, 232(3):20-42.

[182] Gao J, Li R Z, Yin M H. A randomized diversification strategy for solving satisfiability problem with long clauses[J]. Science China Information Sciences, 2017, 60(9): 092109.

[183] Raschip M, Croitoru C, Frasinaru C. New evolutionary approaches for SAT solving[C]. 2018 IEEE 30th International Conference on Tools with Artificial Intelligence (ICTAI), IEEE, 2018: 522-526.